U0335874

成长中的心理咨询师丛书

# 心理咨询师
# 执业之路

THE
ROAD
OF
PRACTICE

庄晓丹 著

机械工业出版社

CHINA MACHINE PRESS

你是否向往成为一名心理咨询师，却不清楚自己是否适合这个工作，以及如何进入这个行业？

你是否参加过一些入门课程或培训，或刚开始从事咨询，却不知道如何提高自己才能胜任这份工作？

你是否已在咨询行业工作了一段时间，却面临瓶颈，不知如何跨上新台阶？

中国的心理咨询行业有着广泛需求，但有胜任力的心理咨询师却有巨大的数量缺口。资深心理咨询师庄晓丹结合丰富的个人执业经验与扎实的临床实践经验，在书中系统梳理与总结了个人经验、行业观察、同行交流等，把复杂漫长的咨询师专业发展过程剥茧抽丝，勾勒出一幅清晰、系统、可达成的咨询师发展路线图。

本书将心理咨询师的成长分为学习培训、临床积累、执业发展、个人成长四大维度，讨论了丰富的咨询师切身议题，如新手焦虑、咨访关系、咨询伦理、临床耗竭、个人创伤等，覆盖了实习期、新手期到熟练期等多个阶段。

本书适合四类人群：对心理咨询行业感兴趣但尚未入门的人；正在参加心理咨询课程或培训的学习者；处于执业发展初期的新手心理咨询师；处于执业发展中期、希望突破瓶颈、向更高阶段发展的心理咨询师。

## 图书在版编目（CIP）数据

心理咨询师执业之路 / 庄晓丹著 . —北京：机械工业出版社，2023.7
（成长中的心理咨询师丛书）
ISBN 978-7-111-73422-2

I. ①心… II. ①庄… III. ①心理咨询 IV. ① B849.1

中国国家版本馆 CIP 数据核字（2023）第 117999 号

机械工业出版社（北京市百万庄大街 22 号 邮政编码 100037）
策划编辑：邹慧颖 责任编辑：邹慧颖
责任校对：丁梦卓 卢志坚 责任印制：单爱军
北京联兴盛业印刷股份有限公司印刷
2023 年 9 月第 1 版第 1 次印刷
147mm×210mm·11 印张·2 插页·224 千字
标准书号：ISBN 978-7-111-73422-2
定价：79.00 元

电话服务 网络服务
客服电话：010-88361066 机 工 官 网：www.cmpbook.com
010-88379833 机 工 官 博：weibo.com/cmp1952
010-68326294 金 书 网：www.golden-book.com
**封底无防伪标均为盗版** 机工教育服务网：www.cmpedu.com

谨以此书献给所有曾经、正在

以及即将走上疗愈之路的生命

## 在心理咨询师专业发展和执业的路上，
## 踏实且坚定地前行

当庄晓丹心理师呈现给我她撰写的《心理咨询师执业之路》书稿时，我眼前一亮，书名对我极富吸引力。因为近些年来，我关注的重点在于心理咨询师的系统化、规范化培训，以及专业发展和成长。尤其是在 2020 年我接受邀请，担任北京师范大学心理学部临床与咨询心理学院院长以来，更加专注于心理咨询师的训练过程、专业培养、就业执业等。当晓丹邀请我为此书写序时，我没有思考就欣然答应了。一来是为了感谢晓丹对北京师范大学心理学部应用心理专业硕士临床与咨询心理方向的研究生专业培养的支持，她担任我们的实习督导，为学生临床实践能力的训练和提高保驾护航；二来更是因为国内心理咨询行业的发展很热，但国内专家和学者撰写具有中国特色的心理咨询师专业发展和成长的图书非常缺乏，导致很多学习了各种理论流派、各种治疗技术的专业人士，包括从业多年的心理咨询师对专业发展或执业之路仍然存在很多困惑或疑虑，对专业的发展信心不足。这是一本专门帮助读者成为有胜任力的咨询师的专业指南，它的出版无疑填补了空白。

心理咨询在国内的发展也就 30 多年。当年已经是清华大学学生心理咨询中心兼职咨询师的我其实并不清楚心理咨询是个极其严谨和专业的工作，更不了解咨询师的培养途径。1990 年，我有幸通过国家教育委员会的公派留学考试，申请去了日本筑波大学心理学系，抱着想学习对大学生健康成长有帮助的心理学的想法，开始了青年心理学的学习。但学习后发现，仅仅集中在青年心理发展理论的探讨并不是我想要学的东西。最后我主动投奔到在日本临床与咨询心理学界享有盛名的松原达哉教授门下，开始了初步的心理咨询专业学习。但当时对于心理咨询专业及其发展还是一头雾水，和所有心理咨询初学者一样，只想着学技术、学方法。如果当时我能看到这样一本书，我一定会减少许多盲目，少走一些弯路。

我国的心理咨询师培养经历了非常曲折的过程。早期经由在职短期培训出来的人员由于专业训练不足，缺乏实务练习，未接受专业的督导，基本无法胜任心理咨询的工作。取消心理咨询师职业考试后，心理咨询行业的乱象更让人担忧，各种培训五花八门，心理咨询学习者很迷惑，归根结底是不了解心理咨询师规范成长之路。成为一名有胜任力的心理咨询师绝非易事，如同医师、律师、会计师等专业人员一样，必须经过科学、严谨、系统的专业训练，经年累月的临床积累，辛勤艰苦的实务工作，以及接受督导。在专业发展的路上，如果有前行者告诉你自己是怎么走过来的，可以给后来者提供更多的参考和思考，做出更明确、更理性的选择。

本书作者从 2009 年开始心理咨询的学习，经历了十多年的专业训练，积累了上万小时的临床实践，在国外接受了专业的培训和系统且长期的督导，在国内执业多年，这种经历让她能够从"过来人"的视角，梳理自己专业学习经历，回顾咨询师职业发展历程，在书中详细介绍了心理咨询师的成长需要经历哪些环节，学习哪些内容，怎样强化临床能力，以及执业概况和前景，非常难能可贵。

我认真阅读完这本书后，想用四个字概括我的感受，和大家分享：全（全过程、全方位），真（真实、真诚），实（实际、实用），特（特别、独特）。

**全** 全书内容从作者建构的心理咨询师发展中相辅相成又互相制约的四个象限，即学习培训、临床积累、执业发展、个人成长进行全面阐述，覆盖了咨询师成长与执业的全过程；涉及心理咨询师从新手到专家的专业学习会涉及的各个板块，包括基础知识、专业技能、督导形式、伦理学习、自我照顾、持续培训、市场议题，全方位告诉读者什么是心理咨询、如何做心理咨询、如何做有胜任力的咨询师。

**真** 作者从个人经验出发，坦诚分享了自己曾经有过的误解、新手咨询师会遇到的困难、选择咨询流派学习的不易、督导过程中需要考虑的因素、什么样的人适合从事心理咨询行业、咨询师的生存状态、执业中现实困难和未来发展方向，读起来能真切感到作者的真诚和开放。作者认为心理咨询其实是一个在情绪和智力方面都有相当强度的工作，是一份高压力、高挑战的工作，情绪压力大，客观支持少，个案难度高，需要承接来访者的负面情绪，与来访者一同面对人生最困难的时刻，去陪伴、理解和协助来访者做出积极的改变，几乎每一位资深咨询师都在自己职业发展道路上遇到过各种困难和重大挫折。

**实** 心理咨询师的成长没有捷径可走，学习、练习与实践、接受督导、个人体验、同行交流、持续进修，永远都在路上。作者根据自身经验，现身说法，娓娓道来，内容实实在在，传授和说明心理咨询的实务运作及其背后的理论依据，有条有理，稳健扎实，可信可靠。书中关于怎样选择咨询流派，个人议题如何影响咨询效果，会遇到哪些困难、又该如何去解决，直接回答了很多心理咨询学习者的困惑。尤其令人印象深刻的是基于临床时数的咨询师定位与发展，用量化的方式告诉读者 2000 小时以下是夯实咨询基础阶段，2000 ～ 5000 小时是深入发展临床能力阶段，5000 ～ 8000 小时是走向复合型和专长化阶段，8000 ～ 10 000 小时是让自己成为"有治疗性的人"阶段。还有，对私人执业进行详细描述和分析，这部分内容很少有专家专门论述过。这是一本很实用的心理咨询师成长和执业指南。

**特** 这本书的写作角度新颖独特。作者称希望这本书成为咨询师执业之路上的"旅行手册"，旅行的目的并不是到达终点，而是领略和感受路上的风景。作者认为临床和督导时数是临床能力的重要参考指标，以临床实践时数和接受督导时数为咨询师成长给出了相对客观的标准。以接案量来描述咨询师的不同工作状态也清楚地说明了咨询师工作的多种可能性。还有一个特别的地方是，作者将咨询师个人成长这个最容易被忽视的议题作为四大象限之一进行阐述。我自己在学习心理咨询过程中，记得督导曾说"心理咨询师能走多远，就能带领你的来访者走多远"。咨询师的个人成长是非常重要的。咨询师个人的特质、经历、议题和倾向会逐渐成为临床实践和发展更具有决定性的因素。所以咨询师需要在专业发展的过程中保持自我觉察和反思，避免职业枯竭，适时处理个人议题，做好自我照顾，这也是咨询专业伦理的要求。

我衷心希望这本书能有更大的读者群，不同的人都能从这本书中得到不同的收获，而不仅仅是想进入心理咨询行业的人。如果你是对心理咨询好奇的人，那么这本书可以告诉你什么是专业、规范的心理咨询，帮你建立起对心理咨询行业的正确认知；如果你是准备进入这个行业的人，那么这本书可以帮助你做出更恰当的评估，了解是否适合从事心理咨询行业，并在是否要入行的问题上做出更加理性的选择；如果你已经踏上了心理咨询专业学习之路，那么这本书可以告诉你需要经历哪些过程才能提高自己，并指出了更为现实的职业愿景，以及需要长期投入发展的方向；如果你已经在心理咨询行业内工作多年，那么这本书会告诉你心理咨询是一个丰富多彩且与时俱进的行业，一份充满着挑战却能让人获得内心满足的工作，值得你追求。

樊富珉

清华大学心理学系咨询心理学退休教授

北京师范大学心理学部临床与咨询心理学院院长

2023 年 5 月 10 日

　　早年学习心理咨询的时候，我对自己作为咨询师的发展路径和职业前景一片模糊。

　　最初决定学习心理咨询的时候，我对心理咨询的了解绝不比如今任何一个外行人更多，甚至在那个年代，大约是比现在的人了解的更少。除了对"心理咨询师"这样一个称谓的向往，以及从零星的影视文学作品中接触到的形象（如今我知道这些形象都是高度艺术化的），我对咨询一无所知，对咨询师的生存状态、现实困难和发展方向毫无概念。我基本上是以"信仰之跃"的方式，一头冲进了咨询业。

　　进入咨询硕士的专业学习后，事情也并不能说有了显著好转。当然，经过学校的悉心栽培，我总算明白了心理咨询大概是什么，咨询师大体上应该做什么。但读了整整三年书，我的咨询却并没法说做得怎么样了，而且我也不明白自己为什么做得不怎么样。到底要怎么做才能从根本上提高咨询水平呢？是一直做就能，还是要上什么课、跟哪位老师学习才能？

　　不仅如此，虽然在学校里我就大概知道咨询师未来要"执业"，而且学校也有配套的职业发展课程，但对于刚刚入行的我来说，根本没有基础和能力去整合这些信息，为自己勾勒出一幅符合现实的生存图景和一条发展路径。

"想当然"和"对未知的不安"交替存在。今天回头来看，当时的我可能把执业工作这件事想得太简单、太顺理成章了，同时又把当时遇到的一些专业上的困难看得过于严重、难以逾越了。

除此之外，我还遇到过一些如今想来完全是"自己作出来"的坎坷，但如果回到当初，我恐怕还是会原封不动地"作"一遍。因为当时的我根本不知道哪些是歧途，哪些是误区，哪些又是看来遥遥无期却必须经历的过程。如果有人能事先告诉我一个大概，哪怕给我一些线索，那都会是相当有帮助的。

## 谁适合阅读本书

我是 2009 年开始学习心理咨询的，而今年是 2023 年。经过这数十年，我终于做完了我的 10 000 个临床小时。作为对这 10 000 个小时的回顾，我决定写这本书，一方面是梳理自己经历和观察到的咨询师执业发展历程，另一方面是给还在 10 000 个小时以内的同行们一些支持和帮助。

本书适合处于执业发展初期和中期的咨询师阅读。不论你是刚刚起步，还是相对经验丰富，是已经在私人执业，还是在机构工作，相信书中都会有一些你可以参考的内容。

**如果你正犹豫是否进入咨询行业，或者刚刚开始学习咨询，应该也能从中获得充足的业内信息和指导性意见。**

## 本书会告诉你什么

在本书中，我会先简单介绍咨询师执业与发展的概况，包括咨询师大致的生存状态、发展的基本路径和需要考虑的因素，也会分享根据我的个人经验，什么样的人适合从事咨询行业。其中，我将咨询师的成长分为学习培训、临床积累、执业发展、个人成长四个方面，后面会逐一探讨。

▸ 第一章到第四章是学习培训篇，我会介绍咨询师从新手到专家的过程中，专业学习的各个阶段，以及在每个主要阶段中咨询师需要关注的方面，并提供一些参考性的学习角度和方法。我们还会谈到如何选择流派和培训，如何应对培训中的常见问题，以及在将培训成果转化到临床实践中的一些考量。除了正式培训之外，我们也会聊到咨询师在日常生活中需要主动探索的其他非正式却至关重要的学习内容。

▸ 第五章到第九章是临床积累篇，我们会谈到咨询执业和咨询师发展中最主要的组成部分——临床实践。我会概括性地勾勒不同临床时数的咨询师在各方面发展顺利的情况下，可以达到的咨询水平。我也会介绍在临床积累中咨询师的常见议题，包括但不限于：新手经常遇到的困难，选择督导的方式，与督导有效合作的方式，发展自身临床专长中的考量，以及培养实践中的伦理能力的一些思路。

▸ 第十章到第十二章是执业发展篇，我们会讨论咨询师从零星个案到完全独立私人执业的各个业务发展阶段，以及在这些阶段中咨询师可能遇到的一些问题。我们也会讨论咨询师不同的就业方向，并就许多读者最感兴趣的"私人执业"展开讨论，包括：私人执业的实际状况，对咨询师个人、专业和执业上的要求，执业中的种种商业和市场考虑，以及私人执业与其他执业形式的不同之处，等等。

▶ 第十三章到第十五章是个人成长篇，我们会着重讨论咨询师常见的个人议题及其对临床工作的影响，以及咨询师如何找咨询师解决自己的问题。我们也会谈到咨询师在执业中经常面对的一些个人困境，以及自我照顾的方式。最后我们会尝试聊一聊咨询师的内在发展历程，即咨询师如何从一个"能进行治疗性操作的人"变成一个"具有治疗性特质的人"。

因为本书的章节标题都相当清晰，阶段开列也很明确，**你完全可以根据自己目前所处的阶段和感兴趣的议题，单独查阅某些章节。**但我也鼓励你去看一看其他章节。那些"你已经走过"的章节可能会给你一些不同的视角，帮助你查漏补缺；那些"你还没有走到"的章节也能帮助你建立更为现实的职业愿景，并提示一些可能需要你长期投入发展的方向。

如果你在阅读本书的过程中发现了一些自己存在的问题，我也鼓励你通过积极地学习、实践、督导、个人体验和同行交流来改善。几乎没有资深咨询师在自己的执业发展道路上是没有遇到过重大挫折的，如果能够采取积极解决的态度，持续投入，那么当初的问题或早或晚会变成你执业道路上的财富。

## 一点声明

由于我受训多在国外，回国后也一直以私人执业为主轴，辅以一些高校合作，虽然接触过部分国内培训和其他业内工作，但我的经验和观察仍难免受限于我个人的学习和执业经历，以及我个人相对熟悉的临床和市场议题。因此，我需要事先声明，心理咨询是一个丰富多彩、与时俱进的行业，而本书远不能囊括咨询行业或咨询师发展的全貌。本书更多来自我个人经验的总结、在行业内的观察、与同行的交流，以及老师和督导的提点，是我对咨询师发展历程的一次管中窥豹的尝试。

事实上，我的猜测是，一旦把这些内容呈现出来，大概很快就会有人发现，他们的经验与我经历和观察到的不尽相同。这是一件好事，它意味着咨询师在行业中可以有多元化的发展、多样化的经验，也意味着行业本身的生命力。当所有人的经验、信念、态度、方法都相同时，咨询行业就会消失。毕竟，如果哪个人做都一样，那么这件事大概也不需要由"人"来做了。

另外要说明的是，我在本书中会混用他和她，这样做是为了尽量以平衡的方式覆盖不同的常见性别，使每位读者都可以与书中的一些内容产生连接感。

衷心期待本书能够点亮每一位咨询师执业之路上的一盏灯，哪怕只是漫长道路上的小小一盏。咨询师面对的核心是人间的苦难，只有彼此温暖，才能坚持下去。

# 目录
CONTENTS

XVI

► **个人成长篇**

每个人在生活中都有自己特定的职业或使命，他必须完成一项具体的任务；每个人都是不可替代的，他的人生都是无法重复的。因此，每项任务都是独一无二的，而每个人都会有实现它的特殊机会。

——维克多·弗兰克尔，意义疗法创始人

引言
INTRODUCTION

▼

# 咨询师执业与发展概况

一个人只要学会了编程方法就可以做程序员，她的编程水平与她的个人信念和爱好可能没有任何关系，她工作的时候做什么和她私下做什么也没有必然联系。至于编程水平与经验的关系，虽然后者对前者有一定影响，但只要学会了特定的语言，再积累一定经验，这个人就能胜任大多数工作。有些时候，编程甚至可能变成了一种重复性的技术劳动，只要知识到位、技术达标、遵循固定框架完成任务就好。

暂且不论以这样的心态学习工作是否能成为最优秀的程序员，至少抱有类似这样学编程的心态进入心理咨询行业的人并不少。他们常常以为只要听过了咨询课程，学会了咨询技术，反复操作几遍，自己就可以胜任咨询师工作了，但心理咨询却是一个远比知识技术学习复杂得多的领域。

心理咨询师是一个独特的职业。相比程序员、精算师、运营人员、代购人员这样由现代社会和技术发展应运而生的新兴职业，**"心理咨询"这个名词及其学科发展的历史虽然只有短短数百年，由此产生的职业却从属于一个极为古老的职业原型，即"疗愈者"**<sup></sup>⊖。

这个原型覆盖所有在帮助人们缓解痛苦、治疗疾病、修复创伤方面有一定作用的工作者，从古代的萨满、巫医、草药师，到现代的医生、护士、物理治疗师、正骨按摩师，当然也包括心理咨询师与心理治疗师。

虽然如今治疗领域已经高度科学化、现代化，但具有古老原型的职业与单纯的现代职业始终存在一些本质上的不同。由于具有古老原型的职业深植于人类社会及人们的集体潜意识中，这些职业的从业者通常既要学习相应的专业知识和技能，又要实践与之配套的价值体系和生存方式，而**从业者作为人的特质和存在通常无法与所做的工作内容完全割裂开来，其专业发展也与自己的身心发展紧密相连。**

在这一章里，我首先会尝试提纲挈领地聊一聊一个人从彻底的心理咨询外行，到成为一位专业的心理咨询师，需要在哪些方面投入和发展，而这些方面之间又有怎样的联系。我也会尝试展现咨询师通常的工作情况和生存状态（虽然这可能只是一个非常简化的白描），以及成为咨询师所需的基本个人条件和特质。

---

⊖　现代社会中还有许多具有古老原型的职业，这些职业几乎都是从人类社会存在之时起就以某种形式存在的，比如士兵、老师、手工匠人等。

## 咨询师发展的四个象限

心理咨询师的发展是一个涉及范围相当广泛的主题。知识、技术和方法的学习、长时间的积累、个人的成长、商业的运营、生活的磨炼等，可能都是其中的组成部分。

如果尝试把相对复杂漫长的咨询师专业和个人发展过程剥茧抽丝，我们可以简略地从以下四个领域，或者说四个象限进行讨论，它们分别是学习培训、临床积累、执业发展、个人成长（见图 0-1）。

图 0-1　咨询师发展的四个象限

这四个象限相辅相成，又相互制约，就像一个木桶的四块木板，共同承载着咨询师在整个职业生涯及与之相关的个人生活中的成长和发展。

每个象限都是一个独特的发展领域，需要咨询师单独投入时间和精力才能收获相应成果，不能代替或补偿其他象限的发展。同时，各个象限之间又有着千丝万缕的联系，**任何象限的短板都可能直接拉低其他象限的发展步调，而任何象限的发展也会辅助和支持其他象限的发展。**

## 象限一：学习培训

学习培训是整个心理咨询师发展过程中的首要领域，也是所有心理咨询师的入门砖。**虽然有专业训练并不一定能"学会"咨询，但没有专业训练肯定就是"不会"咨询。**

系统专业的培训首先解决的是心理咨询中的"下限"问题，或者说是"底线"问题，也就是避免咨询师瞎做、乱做、犯外行容易犯的低级错误，尽量保证咨询师遵守所从事职业的工作框架，具有良好主观意愿的情况下不会在干预过程中误伤来访者，也就是做到"不伤害"（do no harm）。

接下来，才涉及"做好"咨询的问题，也就是咨询师去参加疗法培训，深入理解不同的临床表现，学习实际的干预方式，了解如何成功地帮助来访者改善，并把它实践到自己的临床工作中。但这远不是顺理成章便能完成的事情。

每一位接受过一定系统训练的咨询师都了解，学习培训是其专业发展的重要动力，并贯穿咨询师的整个职业生涯，咨询师也必须通过探索自我和了解行业，找到适合自己的发展路径，并为自己匹配相应的培训。

但心理咨询行业流派众多，疗法琳琅满目，技术更是不计其数，到底学什么、怎么学，学完以后怎么用，都是问题。感觉自己曾经"差点淹死在学海里"的咨询师数不胜数，业内还有所谓"学习型人格障碍"的戏称，即因为生怕自己落下任何培训，而迫不得已不停交学费的人。

然而，交了学费，临床水平也不一定就有提升。不学习不行，光学习也没有用。**学习培训毕竟只是四块木板中的一块，如果其他象限跟不上，再怎么学，临床水平也难有长足进步。**事实上，多数学习培训"一枝独秀"的学习者最终都没有成为心理咨询师，而是成了心理培训师、心理教练，或者进入了其他心理教育相关工作领域。

另外，在一般的专业学习之外，咨询师也需要在培训外学习人与人性本身，这可能包括广泛接触多样化的人群、了解社会文化历史知识、对自我的内在探索，等等。只有这样，学习培训才会成为所有其他象限发展的助推器，为咨询师的执业插上翅膀。

## 象限二：临床积累

如果说学习培训决定了咨询师的"下限"，那么临床积累就决定了咨询师的"上限"。心理咨询总体来说还是以临床实务为主的行业，除非以学术研究或媒体传播为志业，所以大多数咨询师的能力和价值最终都体现在其临床表现上。知识说得再清楚，临床做出来效果不好也没用；技术懂得再多，在来访者身上用不对也枉然。

心理咨询是知行合一的行业，尤其在临床实务方面，只有通过真实临床工作中的反复打磨历练，咨询师的临床水平才有可能获得真正的提升。**咨询师的临床表现与其临床时数（也就是临床经验）息息相关。**

一位咨询师有可能由于诸多原因无法达到在他临床时数上本能达到的水准，但很难突破自身时数，达到比他临床时数积累更上一层（如再多数千小时）的咨询师所能达到的程度。也就是说咨询师做了多少小时，其临床表现基本就在那个时数范围内。

不仅如此，临床积累还与其他象限的发展紧密相连。学习培训显然会影响临床积累，但反之亦然，尤其是在咨询师完成最初的基础培训之后，其疗法培训几乎总是需要与临床实践挂钩，才能取得良好的效果。

缺乏实践支持的培训经历经常沦为纸上谈兵，培训后学习者要么很快忘记了课程内容，要么虽然记得，但理解浅薄或有所偏差。正因为不知道所学的内容在现实中的样貌，他们也就无法将其与自己的实践有机地结合起来。

同时，临床积累也切实影响着咨询师的执业发展。毕竟只有积累了实践经验，提高了水平，咨询师才有能力接到、接住更多来访者；也只有提供更高水平的服务，才有提高报价的可能性，咨询师才有经济条件去请更好的督导，参加更专业的培训，请更好的个人体验师，从而进一步提高自己的临床水平。由于临床积累在咨询师发展过程中是如此牵一发动全身，它自然也是多数咨询师进入执业后首先关注的重点。

### 象限三：执业发展

咨询师的执业发展与其临床积累密切相关，但不是完全相同的领域。临床积累主要涵盖的是咨询师在咨询室内如何工作的问题，而执业发展则涉及咨询师如何安排自己的咨询工作，经营自己的咨询业务的问题。

很多人都听闻心理咨询是一个工作很"灵活"的行业，但灵活也就意味着其经营组织形式没有既定之规，也不存在确定的升迁路线。每位成熟的咨询师根据个人特质、背景、资源等，都会发展出不尽相同的业务模式和工作安排，且不一定可复制。这固然是一种自由，但也带来了大量的未知与不确定。

还存在一部分咨询师，与其说是不会经营，不如说根本就是为了躲避商业文化、远离职场压力才来到咨询行业的，让她们去经营自己的业务不仅技术上有困难，心理上也有困难，这就导致部分咨询师的执业举步维艰。

**事实上，执业发展也确实是大多数咨询师在职业生涯中遇到的最主要的困难。**严格意义上，发展业务本身绝不会比临床积累更难，但问题在于四个象限中任何一个出了问题，都可能直接体现在咨询师的执业状态上。

基础不扎实、临床上眼高手低、缺少持续性专业投入，甚至个人的社会心理发展问题等，都能直接导致咨询师业务发展停滞。随之而来的，就是临床积累的持续不足和培训体验经费的匮乏，咨询师的发展不得不全面减速，也存在不少最终彻底放弃的从业者。

反之，如果咨询师在各个象限上发展均衡，没有明显短板，其执业发展则通常容易顺风顺水，不需要格外努力就可以在短期内做满个案量并维持稳定，少数人甚至还能够在从业几年内就相对顺利地进入全职的独立私人执业。

## 象限四：个人成长

在讨论到咨询师的发展与执业时，个人成长是所有象限中最容易被忽视，也受到最多误解的领域。有些人完全不考虑个人成长，认为其与专业能力毫无关系，有些人则过于在意个人成长，导致个人体验时数和临床时数一样多，甚至比临床时数多。在不同的培训、流派、疗法中，个人成长可以被放在截然不同的位置上，这使初入行的咨询师有时在这方面感到无所适从，即使是成熟咨询师，也不能说他们在这件事情上达成了一致。

大体上来说，**个人成长对于咨询师发展的重要程度，与咨询师所做的临床工作的复杂程度，及其所需的咨访关系深度成正比。**如果咨询师只进行短程咨询（约 12 次以内），或至少不超过中程咨询（约 20 ～ 30 次），那么临床工作能容纳的复杂度通常有限，咨访关系也没有足够的时间和空间纵深发展，咨询师究竟是怎样的"人"在咨询中不会过多展现，对于其本身缺少的部分还可以用其他专业训练加以弥补。相对于其他象限，个人成长的优先级就没有那么靠前。

反之，如果咨询师学习的是以长程咨询为主的疗法，对复杂的临床议题感兴趣，或者以私人执业为职业目标（在全职私人执业中，多数个案量都来自长程咨询），个人成长就是一个从咨询学习伊始就需要受到重视的象限。个人体验几乎是必不可少的，并且越早开始越好，同时也需要逐渐探索出适合自己的多样化个人成长道路。

个人成长与其他象限存在着千丝万缕的联系，并且在一些情况下，可能直接制约临床积累和执业发展这两个象限的发展（这方面我们之后会展开讨论）。但由于相比其他象限，个人成长具有增长非线性、路径个性化、过程不可控、成果不直观等特点，因此经常在咨询师精力、财力紧张时，首先被放弃。

然而，咨询执业从来不是短跑，而是贯穿咨询师一生的长跑。**个人成长带来的不是量的积累，而是质的改变。随着不同咨询师在个人成长方面经年累月的不同投入，他们也会在不知不觉间，慢慢走上截然不同的道路。**

## 咨询师的工作与生存状态

前面我们谈到了咨询师发展的四个象限，在阅读的过程中，你可能已经发现咨询师的成长存在不同的侧面和阶段，不同咨询师的发展水平和状况可能截然不同，他们的生存状态自然也不可能相同。

所以有些时候当别人问我咨询师生活怎么样、工作状态如何时，我其实很难给出确切的答案，只能问回去："你指的是哪个咨询师？"毕竟，所谓自由度高，就是人人都不一样。但同时，咨询职业确实也存在一些共同特点，这些特点会影响从业者的生活和工作状态，在这方面，我们可以简单聊聊。

### 咨询师的工作轻松吗

**与不少人轻松宜人的想象不同，心理咨询其实是一个在情绪和智力两方面都有较高强度的行业。** 在情绪方面，咨询师需要面对和承接来访者的负面情绪，包括一些极端的负面情绪，并直面咨访关系中的冲突和摩擦（在很多人普遍的做法上，这多数是用"和稀泥"来解决的，而咨询师并不能如此）。

咨询师也需要陪伴来访者共同经历他人生中的一些至暗时刻，并在一定程度上理解和体会来访者的感受。咨询师面对的不仅是概念化的"困难"或表面化的"抱怨"，而是鲜活的人生痛苦——对于大多数人来说，面对这些情境难免会带来相当大的情绪压力。

在与来访者保持一定情绪联结的同时，咨询师还需要从来访者纷繁复杂的描述中，剥茧抽丝，找到带给对方困扰的根本原因及其发展过程；然后根据来访者的认知理解能力和情绪耐受能力，尽量在适当的时机、以适当的形式分享给来访者；再基于这些讨论和来访者的实际情况，采取来访者能够接受且恰当的干预方式，协助来访者向着积极的方向变化。请注意，所有这些过程都发生在即时的互动中，需要咨询师随时保持警觉和集中，才能在最大程度上见招拆招，尽量好地完成。

一般人工作八个小时，可能只有四到六个小时能集中精力在工作内容上，其他时间则是放空、和同事吐槽，或者在去见客户的路上等。甚至自己也不知道发生了什么，时间就过去了。而咨询师如果见八小时来访者，就是实打实地八小时高强度工作，咨询间隙上厕所可能都得掐着点。

**这样的工作强度决定了咨询师的工作量不能过大，否则工作质量就会下降，就像飞行员如果休息不足，就存在把飞机开进海里的可能性。**所以即使是全职咨询师，一周的平均接案量也就在 25 个小时。

　　这不意味着其他时间咨询师就是闲着的，她们还有许多咨询室外的任务，包括写临床记录、反思咨询过程、处理咨询外的来访者沟通及其危机、见个人督导、找个人体验师、参加继续培训、应对各种机构组织平台的文牍要求、进行个人宣传，等等。连休闲时间的"自我照顾"对咨询师来说都算是一种"职业安排"，其目的是避免后一周咨询师需要再次集中注意力时，心有余而力不足。

　　当然，并非每位咨询师都全职工作。虽然个案量少就意味着咨询师的收入会等比减少，但如果有必要，咨询师完全可以根据自己的情况在长线上减少工作量，只不过咨询外的相应任务还是样样都要做。即使只有五个来访者，你的来访者还是有可能在你休假的时候联系你，告诉你因为遇到难以忍受的危机，她需要尽快见到你。所以，这里就涉及人们常问的另一个问题：咨询师的工作究竟有多自由？

### 咨询师的工作自由吗

　　相比朝九晚五，抑或"996""007"咨询师的工作确实有其自由度，比如一周的工作安排，具体的工作量，尤其是在私人执业状态下，咨询师具有极大的自主权。但是，一旦安排好，咨询师自己也不能再随意修改。

　　**为了保证来访者咨询体验的稳定性和有效性，多数咨询师需要保证每周都能保质保量地到岗**（这与咨询师所做的疗法也有一定关系），咨询时间和地点的变动都需要跟来访者提前商讨，有时连正常休假都成了一个需要与来访者"撕扯"的过程，包括法定节假日。

　　不仅如此，许多处于执业初期或成长期的咨询师，为了积累足够的临床经验，还需要根据来访者的空档进行预约，以来访者方便为主。而来访者的空档大多是工作日晚上、节假日或其个人的休息日，并且可能各有各的需求和所在地。这时咨询师就没有太大自由了，反而需要根据来访者的情况来回调整，而这也给成长中的咨询师带来了一份额外的辛苦。

## 咨询师的收入高吗

　　咨询师的收入也是人们关注的焦点。由于咨询费少则每小时上百元，多则上千元，在不少人心目中，咨询师应该是一个收入很高的群体，但事实可能并非如此。

　　在咨询行业中确实存在一些收入很高的专家，但咨询行业中收入最多的人其实不是咨询师，而是培训师。因为心理咨询是很难标准化、规模化的服务，咨询师为来访者提供的是完全一对一的个性化定制服务。并且，由于咨询工作的强度很高，**咨询师每周能接的来访者数是具有硬上限的。即使是家庭咨询、团体咨询，其收费的上浮空间也相当有限。**

　　也许咨询机构可以雇用大量咨询师来达成规模化效应，但咨询师个人的工作不具有规模化条件，这就导致心理咨询说到底还是一份一分耕耘、一分收获的时薪工作，其收入存在封顶，并且远不如培训带来的规模化效益高。

　　不仅如此，咨询师的高收入背后是与之等比的高开支。培训要钱、督导要钱、个人体验也要钱，租咨询室、挂靠平台、在机构工作都会被扣钱，而且价格不菲。不去培训、不找督导，临床发展会停滞，还可能不符合伦理；但在收费不高、来访量不足的情况下，都去做又可能面临财务压力。

除了少数家境非常宽裕的咨询师，许多新手在执业初期都面临不同程度的生存压力，需要八仙过海各显神通般地解决。同时，也存在一部分因无法成功应对初期压力，逐渐脱离临床咨询工作，向着教学、课程研究、媒体、行政等方向转行的从业者。这也不失为一条解决之道。

另外，开支虽高，却并不意味心理咨询是一个穷困潦倒的行业。度过了开始数年的艰难期后（这是转行率最高的时期，因为在这个阶段，绝大多数相关行业都比专注咨询收入高），**一旦咨询师有了扎实的临床积累和成熟的个人素养，并在业内得到了一些同行的认同，咨询师的业务就会逐渐稳定下来，收入也相当有保障，可以进入类似中产的生活状态。**

事实上，我很少见到咨询水平优秀的咨询师为生计发愁，反而更容易在转介时遇到对方"已经接满了"，或者"最近不再接这类个案了"的回复。好咨询师就像好老师、好医生一样受欢迎，并能够长久地在他的领域中耕耘收获，获得经济上的稳定感和内心的满足感。当然，达到这一步是需要前期数年巨大的身心投入和持之以恒的努力的。

## 咨询师的个人条件与特质

阅读了以上内容后，我相信你已经对咨询师的基本生存状态，以及咨询师执业需要发展的各个方面及其投入，有了大概的认识。那么，具有哪些个人条件和特质的人相对比较适合从事心理咨询？我们可以在这里简单聊聊。

（1）达到一般的心理健康水平，并勇于直面自身问题

咨询师并不需要具有超绝的心理素质，但确实需要达到所处社群中的一般心理健康水平。由于来访者和咨询师之间的影响是复杂交互的，如果咨询师本身心理极不健康，来访者就可能通过镜像神经元的镜映、社会学习，或者咨询中的其他互动，习得咨询师不良的认知、情绪、行为模式。那么，这就与心理咨询的初衷背道而驰了。

当然，并非只有一直都心理健康的人才能够做咨询师。对自身心理问题不讳疾忌医，发现问题后勇于面对、主动解决，并持之以恒，通常能较好地保证咨询师始终维持自己的职业水准。

（2）对人的苦难经验感兴趣，并愿意为提升他人福祉付出

心理咨询是一个以与人工作为中心的行业，因此咨询师首先得对人及人的主观体验有兴趣。更进一步地，咨询师需要对人的苦难体验感兴趣。人的苦难由何而来？人在苦难中有怎样的体验？什么使人留在苦难中，什么又帮助人摆脱苦难？对苦难具有探索之心是必要的。

不仅如此，由于咨询师的工作总是围绕苦难展开（来访者一旦康复就会离开咨询），咨询师需要拥有一定的为提升他人福祉而付出的意愿，才能不在工作中过分耗竭。这种意愿不是一种英雄主义或者自我牺牲精神，而是基于对人类共同苦难经验的尊重和理解，从而产生的善行意愿。

（3）具有良好的情绪沟通和关系联结能力，并能耐受一定程度的负面情绪和关系体验

咨询工作有相当一部分是情绪和关系的工作，在长程咨

询中，咨访关系更是最主要的治疗因素，因此，咨询师的情绪和关系能力是咨询技能发展中至关重要的。咨询师需要在体验自身情绪的同时能接纳和理解他人情绪，在不脱离关系联结的情况下能与他人讨论情绪情感过程，以及真诚面对对方和自身的感受，并愿意一定程度上耐受自身的脆弱。

这些能力在我们日常的社交生活中显然不那么容易集中培养，而需要专业培训和长期训练。但日常社交中的情绪沟通和关系联结能力对相关专业能力的培养是有助益的，咨询师也需要在未来漫长的工作中持续提升这方面的知识和技能。

（4）具有良好的逻辑分析能力和基本的学术能力

虽然情绪和关系能力几乎是心理咨询从业者的先决条件，但逻辑分析和学术能力也相当重要。心理咨询工作毕竟是依循科学方法和研究证据的临床工作，咨询师需要具备从来访者复杂表现和背景中提取核心的反应模式和心理本质的能力，有针对性、选择性地采取可用范围内最高效且可靠的干预手法，并根据动态变化的条件和环境，随时调整治疗计划和手法。显然，这是份对智力要求不低的工作。

而且，因为心理咨询和治疗本身是一个不断发展的领域，咨询师就需要在一定程度上与行业科研接轨，不断更新自己的专业知识和技能。因此，逻辑能力和学术能力也成了咨询师的核心能力之一。

（5）明确自身价值观，并能够开放地接纳多元化的价值观

咨询师并没有某种必须遵从的"三观"，毕竟每个人都有在相当范围内选择自己信念的权利。但是咨询师至少得明确自己各方面的价值观，并理解自己作为人的局限性，以避免

对来访者造成伤害。咨询师不可能非要求只跟与自己价值观完全相同的来访者工作，因此就需要在明确自身价值观的同时，尊重和接纳他人不同的价值观。

在一些咨询培训中，咨询师会受到这方面训练，但无论如何，咨询师突破自身在性别、年龄、阶层、地域等方面的刻板信念，了解和包容他人经历与信念的意愿都是先决条件。

（6）具有几年内稳定的财务基础，并存在金钱以外的人生追求

最后，也是最现实的因素，钱。在最初学习咨询的两三年中，咨询师的开销极大，花费数万元到数十万元都有可能；而执业收入却几乎不存在，所以咨询学习者的财务状况极差。因此，稳定的财务基础确实是心理咨询学习的现实条件。如果没有事先的积蓄或家庭的支持，咨询师很难完成全部的训练，达到能够符合伦理的收费执业的水平。

并且，即使成功执业，咨询师的收入多数也只是处于中产水平，不可能一飞冲天。所以，如果抱着赚大钱的心态入行，面对辛苦的临床工作和相比之下并不高的收入，一个人可能很难心理平衡地坚持下去。只有那些除金钱外还有其他咨询工作能够满足的人生追求的人，才能够坚守岗位，做到最后。

在这里需要说明的是，在现实中，一开始就具备所有这些条件的人是相当少见的。比如我们谈到咨询师既需要情绪和关系能力，又需要逻辑和学术能力，但两者平衡发展的人其实凤毛麟角。大多数人或者擅长情绪关系处理，或者擅长

逻辑分析，总存在偏科。

一开始不少人可能对自身的价值观都不甚清晰，并在一些方面难以接受不同的价值信念；也有一些人在开始学习心理咨询时心理并不那么健康。为了成为合格的咨询师，不论短板是哪一块，都需要在其上长期投入、耐心提升。

**在以上诸般条件中，符合的越多，学习心理咨询和未来从事相关工作通常就越容易，也就是说相对越"适合"做咨询师；反之，符合的越少，未来想要从事心理咨询工作就越困难。**

▶ **小测试**

### 你是否适合从事心理咨询行业

请阅读以下陈述，并根据你的实际情况进行打分：1 分为完全不符，2 分为多数时候不符，3 分为有时相符、有时不相符，4 分为多数时候相符，5 分为完全相符。

1. 在近期没有重大应激或创伤事件时，我较少出现极端情绪或持久地陷入负面心理状态。

2. 当在生活和心理上出现负面体验时，我会尝试主动灵活应对。

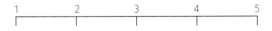

3. 我愿意与信赖的亲友或专业人员深入探讨自己的困难

经历和负面感受，并寻求真实和成长。

4. 我对他人 / 人类的生命体验、痛苦感受及其原因抱有真诚的兴趣。

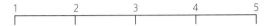

5. 我偏好与人工作（而非与事务、技术、工具工作）。

6. 我愿意为提升他人福祉付出。

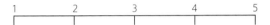

7. 我能够清晰地觉察并口头表达自己的情绪和感受。

8. 我能够与一些人建立长期稳定、包含情感交流的关系（包括伴侣、亲属、朋友、同学等）。

9. 在人际关系中，我能承受他人的负面情绪和沟通中的压力。

10. 我善于逻辑分析，或接受过系统的逻辑或学术训练。

11. 我能够客观看待事实，并善于发现事物的本质。

12. 如果有需要，我有能力搜索和阅读专业文献，或愿意主动花时间提升这些能力。

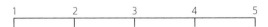

13. 我有明确的价值观，且我的价值观与我在日常生活中遵从价值观做出的行为一致。

14. 我理解我的价值观是我的个人选择，而他人有权选择和实践他们的价值观。

15. 我对与自己不同的价值观保持开放，并愿意倾听、理解和与他人探讨相关内容。

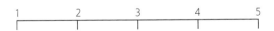

16. 我有足够的积蓄支付前三年的咨询学习费用（包括当地的专业培训、临床督导和其他杂费）。

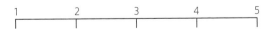

17. 即使我个人不工作，我在未来三年内的财务状况也能保持稳定。

18. 我的人生追求中存在与经济收益同等重要（或更重要的）的非世俗化追求，如探索新知、助人利他、精神成长等。

　　将各项得分加总之后除以 18，如果分数为 3～5 分，那么进入咨询行业对你来说会更容易适应；如果分数低于 3 分，那么你需要慎重考虑是否要进入这个行业，或者需要在某些短板上先做一些提升。

**总结**
**与**
**回顾**

### 引言　咨询师执业与发展概况

咨询师发展的四个象限

- 心理咨询师的发展可以简略地分为学习培训、临床积累、执业发展、个人成长四个象限。

（1）象限一：学习培训

- 学习培训是咨询师专业发展的重要动力，贯穿其整个职业生涯。咨询师必须通过探索自我和了解行业，找到适合自己的发展路径，并为自己匹配相应的培训。而在一般的专业学习之外，咨询师也必须学习人与人性本身，从而助推其他象限的发展。

- 接受专业训练不一定能"学会"咨询，但没有专业训练就"不会"咨询。"做好"咨询意味着咨询师需要秉持不伤害原则，参加疗法培训，深入理解不同的临床表现，学习实际的干预方式，了解如何成功地帮助来访者改善，并把它实践到自己的临床工作中。

（2）象限二：临床积累

- 临床积累是多数咨询师进入执业后首先关注的重点。如果说学习培训决定咨询师的"下限"，那么临床积累就决定咨询师的"上限"，而咨询师的临床表现与其临床时数息息相关。

- 只有积累了实践经验、提高了水平，咨询师才有能力接到、接住更多来访者；也只有提供更高水平的服务，才有提高报价的可能性，咨询师才有经济条件去请更好的督导，参加更专业的培训，请更好的个人体验师，从而进一步提高自己的临床水平。

（3）象限三：执业发展

- 执业发展是大多数咨询师在职业生涯中遇到的最主要的困难。如果说临床积累主要涵盖的是咨询师在咨询室内如何工作的问题，而执业发展则涉及咨询师如何安排自己的咨询工作，经营自己的咨询业务的问题。

- 发展业务本身不会比临床积累更难，但四个象限中任何一个出了问题，都可能直接体现在咨询师的执业状态上。只有在各个象限上发展均衡，没有明显短板时，咨询师的执业发展才会顺风顺水，保证其稳定执业。

（4）象限四：个人成长

- 个人成长对于咨询师发展的重要程度，与咨询师所做的临床工作的复杂程度，及其所需的咨访关系深度成正比。咨询师需要结合个人学习的疗法及临床工作的特点，确定个人成长的优先级，逐渐探索出适合自己的多样化个人成长道路。

- 咨询执业从来不是短跑，而是贯穿咨询师一生的长跑。个人成长带来的不是量的积累，而是质的改变。随着不同咨询师在个人成长方面经年累月的不同投入，他们也会在不知不觉间，慢慢走上截然不同的道路。

## 咨询师的工作与生存状态

- 不同咨询师的成长存在不同的侧面和阶段，工作情况和生存状态也可能截然不同。而咨询职业也存在一些共同特点，会影响从业者的生活和工作状态。

- 心理咨询是一个在情绪和智力上都有较高强度的行业。咨询师需要面对和承接来访者的负面情绪，陪伴他，并在一定程度上理解和体会他的感受。而在即时的互动中，咨询师也需要随时保持警觉和集中，以适当的干预方式，协助来访者向着积极的方向变化。

- 咨询师的工作确实有其自由度，但为了保证来访者咨询体验的稳定性和有效性，多数咨询师需要保证每周都能保质保量地到岗，咨询时间和地点的变动都需要跟来访者提前商讨。而对于许多处于执业初期或成长期的咨询师来说，还需要根据来访者的情况来回调整。

- 心理咨询是很难标准化、规模化的服务，咨询师为来访者提供的是完全一对一的个性化定制服务，且咨询工作的强度很高，咨询师每周能接的来访者数是具有硬上限的。这就导致心理咨询说到底还是一份一分耕耘、一分收获的时薪工作，其收入存在封顶，因此，大多数新手在执业初期都面临不同程度的生存压力。但一旦咨询师有了扎实的临床积累和成熟的个人素养，并在业内得到了一些同行的认同，咨询师的业务就会逐渐稳定下来，收入也相当有保障，可以进入类似中产的生活状态。

### 咨询师的个人条件与特质

- 一些有利于从事心理咨询的个人条件和特质：

  1）达到一般的心理健康水平，并勇于直面自身问题。

  2）对人的苦难经验感兴趣，并愿意为提升他人福祉付出。

  3）具有良好的情绪沟通和关系联结能力，并能耐受一定程度的负面情绪和关系体验。

  4）具有良好的逻辑分析能力和基本的学术能力。

  5）明确自身价值观，并能够开放地接纳多元化的价值观。

  6）具有几年内稳定的财务基础，并存在金钱以外的人生追求。

实践

反思

学习

# 学习培训篇

精神成长之路就是终身学习之路。

——斯科特·派克,《少有人走的路:
心智成熟的旅程》作者

01

第一章

CHAPTER

▼

# 咨询师的学习培训阶段

作为咨询师入行的敲门砖，学习培训在整个咨询师发展中具有举足轻重的地位。然而，咨询师的学习历程却并不是一个简单的"上完初级班上中级班，上完中级班上高级班"的过程。**在不同的职业发展阶段，咨询师学习的内容重点不同，学习的方式不同，最终要达到的目的也不尽相同。**

在这一章里，为了方便讨论，我会尝试将咨询师的学习历程暂且划分为基础培训、疗法培训和资深培训三个阶段，并附加一个贯穿职业生涯始终的自主学习部分，探讨在不同阶段咨询师学习的重点与挑战。

## 阶段一：基础培训

基础培训既然称为"基础"，也就意味着咨询师未来全部的专业学习、所有象限的积累，都需要以此为基石展开。因此，这一阶段培训的重要程度也就不言而喻了。

但是，基础培训的实际内容和目标又与许多打算从事心理咨询的学习者所想象的颇有差异。

### 进入基础培训阶段

**相比学会"如何做咨询"，基础培训教育中很大比重其实落在了解"什么是咨询"上，即学习学科主体本身。**就像医生学会开药之前，总是得先把人体解剖和生化病理学清楚，咨询师也不例外，而这就是基础培训的主要内容。

基础培训中的许多课程并不一定直接指向咨询实务，但与心理科学和社会科学紧密相连。毕生发展心理学、认知神经科学、精神病理学、多元文化基础、心理学研究方法……只有学习了这些课程，学习者才能建立起对心理科学的正确认识、对咨询领域的客观了解，以及对咨询工作本身的现实认知，他们才比较容易在未来正确恰当地运用自己学到的疗法和技术。

当然，这个阶段的课程也会包括一些咨询技巧和临床疗法，但由于课程容量有限，以及学习者对临床的了解极少，这些课程几乎无一例外地具有某种"简介"性质。

基础培训中的咨询实务训练比较像是美术培训中的素描入门，基本就是老师给学习者讲解了透视原理，然后让学习者画出人生中的前几幅习作，并临场指导一下；如果培训比较完善，学习者有时候还能获得一两百小时的实践经验，但这大体上也就是又画了十几幅素描作品的程度罢了。

## 基础培训阶段的要点

### 从同化到顺应的学习过程

**一般而言，基础培训需要两年左右的时间，短的有一年结束的，长的则能达到三年。**课程长短各有优劣：短的难免讲得精简，并且学习者通常很难有足够的精力和空间完全消化吸收，可能存在培训后再自己去补足的需要；长的自然更加广泛全面，学习者也更有机会去真正理解自己学到的内容，但时间和费用成本必然升高。

事实上，对于心理咨询这样动态、多样的学科而言，花个两三年来"入门"是很正常的事情。

不论学习者的背景为何，在刚开始学习心理咨询时，尤其是学习的第一年里，几乎都会不可避免地根据自己过去的经历和已有的知识范式，对学到的知识进行对比、嵌套、过滤，以帮助理解。如果以皮亚杰的认知发展理论类比，这就是一个典型的同化过程，即个体通过过滤或改变外界刺激，把它们纳入头脑中原有图式之内的学习方式。

而到了第二年，甚至第三年，学习者才会在耳濡目染的过程中，逐渐切身体会到并理解心理咨询学科自己的范式，能够以咨询的视角来理解咨询，而不是用其他视角来解释咨询。这时，学习者就进入了一个顺应的学习过程，能够基于外界刺激修改和重建自己头脑中的图式，建立起符合心理咨询师要求的知识结构和认知模式。

达到这个阶段时，学习者在心理咨询学科上就可以说是"入门"了。虽然这离真正在咨询实务上成熟仍然长路漫漫，但入门毕竟是从 0 到 1 的突破，对于咨询师的成长和发展还是具有里程碑式的重要意义的。

### 筛选合适的入行者

不少到了后期咨询仍然做得四不像的咨询师，经常就是在基础培训阶段所需的课程上有所遗漏（比如跳过了基础培训而直接进入疗法培训、基础培训缺课），或者一直没能超越同化的学习阶段，始终以自己的内在图式为主体，生搬硬套疗法和技术。因为对心理咨询本身的范式没有深刻理解和切身体会，实务只是在照猫画虎，自然容易画虎不成反类犬。

**基础培训阶段是学习者与咨询行业双向选择的过程**。绝大多数学习者难免对心理咨询抱有一定的不切实际的憧憬和幻想，而基础培训就是最佳的现实检验。当人们接触到心理科学和咨询实务时，可能就会发现自己根本不喜欢或者受不了咨询师的工作内容或工作状态，因而选择退出这个行业。

同时，咨询行业也在选择入行者。在国外的基础培训体系中，几乎都包含"守门人"的角色，即学校的老师和实习机构的督导。他们会识别在人格水平和基本素质方面不适合从事心理咨询的学习者，并直接劝退他们，阻止他们成为咨询师——这一机制对行业的健康发展至关重要。

　　从基础培训中被劝退虽然令人沮丧，本质上却不是坏事情，它意味着学习者和未来潜在的来访者都受到了保护。学习者可以避免无谓的经济和时间的投入，避免伤害他人的可能，而来访者也减少了在财务和身心上被伤害的可能。

## 阶段二：疗法培训

　　**如果说基础培训更多是教给学习者"什么是咨询"，"如何做咨询"则通常是在大量的疗法培训中完成的。**如果以医学生类比，那么基础培训就是基础医学公共课，而疗法培训才是临床医学专业课。

　　所以，很多新手咨询师在完成基础培训后，在实务中仍然经常感到不知所措是非常正常的，毕竟公共课里的几门"专业导论"，是远不足以应付咨询实务中复杂多变的问题的。要想做实务，还得学具体的实务方法。

### 进入疗法培训阶段

　　在从业的前十年里，甚至更长的时间内（取决于当事人的临床积累和个人悟性），咨询师基本都是以疗法培训为学习的主轴。**这是咨询师专业发展最为自由开放的时期，也是咨询师在学习发展上最容易迷茫的时期。**

　　脱离了基础培训的固定框架，咨询师立刻被扔进了竞争激烈的疗法市场。每个疗法和培训或多或少都有其独到之处，咨询师需要在众多流派、疗法、技术、议题中，尽快选择符合自己兴趣，适合自己特质，并有利于自己在咨询方面长期发展的培训，然后花大量的时间和精力去完成它们，直到课程中的那些理念、方法、技术，逐渐变成咨询师自我的有机组成部分。

## 疗法培训阶段要点

### 与实务相结合的培训

由于疗法培训是实务学习，因此几乎总是要与实务有所结合才能起到理想的效果。在培训的过程中，咨询师的临床积累越丰富，就越有可能深刻理解培训所传达的内容，也更有机会实际演练这些内容，并将其消化吸收。

而咨询师的学习方向也必然需要与实务有一定结合，比如在学校执业的咨询师肯定就对青少年议题更感兴趣，在医院执业的咨询师则需要研究对重症精神障碍有效的临床方法。很多咨询师也存在原本就感兴趣，未来希望发展成自己专长的疗法、议题和人群，那么他们显然就更聚焦在这些方面。

### 不只学习一种疗法

不论一开始选择了什么疗法或流派，对于以咨询实务作为未来发展方向的咨询师而言，都不能只学习一种疗法。尤其对于那些对私人执业感兴趣的咨询师来说，掌握两到三个彼此理念相关、方法互补的不同流派或疗法，或者掌握一个大流派下的多个专长不同的子疗法，是必不可少的（因为私人执业咨询师经常需要面对多样化、复合型的临床问题）。

这其中的每种疗法都需要集中深入地学习，并不断地与自己同时进行的临床实践相结合。因此，一个系统的疗法培训需要两到三年是很正常的，完全消化整合可能还要更久。

　　一边学习，一边实操，除了主要疗法培训，咨询师可能还需要参加一些短程的技术、知识、伦理培训，重新学习某些过去学过的内容，保持状态、查漏补缺。这样到两三个疗法学完的时候，咨询师从业的第一个十年差不多也就过去了。

　　成长为表里如一的咨询师

　　疗法培训阶段是咨询师急速成长的阶段（前提是同时在进行丰富的临床实践）。在这个阶段，咨询师不仅会在培训中学到专业的知识和技能，还会通过这种方式以咨询师的职业身份再社会化。

　　他们可能会遇到能够引导自己的老师，在临床上可以彼此支持的同行，也会在这个过程中不断发现和创造作为咨询师的自我，认同和接纳咨询行业的理念与价值，从而成长为一个由内而外、表里如一的咨询师。


## 阶段三：资深培训

　　何时进入资深培训阶段并不单纯取决于参加过多少疗法培训，虽然至少完成过一两个系统的疗法培训显然是完成疗法培训阶段的必要过程，但在此之上继续参加培训并不意味着咨询师就能进入资深培训阶段。

　　严格来说，**这里的"资深"并不是学习上的资深，而是临床上的资深。**也就是说，除培训经历以外，咨询师必须积累了丰富的临床经验，才会进入到这个阶段。

### 进入资深培训阶段

资深培训阶段通常在临床时数达 5000 小时左右时初见端倪，并在 8000 ～ 10 000 小时时正式开始。咨询师的继续学习贯穿整个职业生涯，但咨询师对学习内容的需求会随着培训经历和临床经验的积累而不断变化。

在疗法培训阶段，咨询师需要解决的是"如何做咨询"的问题，也就是如何理解来访者，如何恰当地干预，如何解决具体的临床问题，等等。而在资深培训阶段，咨询师虽然仍然会在知识、技术和疗法上不断发展，也会参加一些相关培训，但他们还要面对一个更为进阶的主题：探索"如何做咨询师"，或者说"如何成为自己可以成为的那个咨询师"，即个人在咨询师这一职业身份上的"自我实现"。而这显然不是任何具体的知识、技术、疗法能回答的问题。

### 资深培训阶段的要点

#### 寻找适合自己的讲师和同行

要探索自己最终能成为怎样的咨询师，就需要尝试尽量多地看到咨询师存在与发展的可能性，接触其他在咨询师生涯发展上更为进阶、背景更为多样的资深咨询师，通过思想的碰撞、精神的共鸣和前辈的引导，探索出属于自己的独特道路。

这时候咨询师选择培训的着重点可能就不再单纯是培训的具体内容，**讲师和同行的临床背景成了更重要的考量因素。**咨询师需要找到深谙临床工作的真谛，并能在某种程度上给自己的发展道路以启示的讲师和同行。

在这个阶段的培训中，讲师比自己的临床时数至少多一倍或多一万小时是比较理想的起点，也就是说，对于从业十年的咨询师而言，他们要找的是从业二三十年，其间一直以临床工作为主的讲师，且讲师的工作方向和方式最好跟自己有一定的相似性，或者是自己希望发展的方向和方式。

共同学习的学习者最好也已经接受过一定的系统化疗法培训，并且有相对丰富的临床经验，至于是否来自相同流派反而不太重要。不同背景的学习者在同一议题上的碰撞经常能拓宽咨询师的思路，让咨询师从过去经年系统训练的框架中跳出来（当然，前提是要有已经通过前一阶段建立的完善的系统框架），更上一层楼。

## 选择恰当的培训方式

在这个阶段，咨询师常常会被两类培训吸引。

**第一，由在临床上已有成就的咨询师开设的专题工作坊。**这类工作坊基本都是小班面授，时长在 3 ~ 7 天不等，其主题大多是对某个疗法某方面的深入训练。比如，完形疗法中的躯体要素、针对多重人格的眼动干预、物质成瘾治疗中的移情解释，诸如此类。

讲师通常在该方面有相当专长，但更重要的是学习者有大量机会看到讲师的示范并自己动手实践，还有充分的空间在专业、安全的氛围中进行深入的临床探讨和自我反思。

虽然严格来说，这类工作坊并不限制参加者的培训经历和临床经验，但事实是没有扎实的临床基础，学习者有时候甚至没有办法搞清楚培训中在发生什么，很可能只是赞叹一番讲师的技术精湛、学识丰富，听了一大堆碎片化的概念和技术后，就稀里糊涂地出来了。而如果大多数学习者都处在新手水平，讲师就不得不降低培训的难度，导致课程内容大打折扣，达不到资深培训的水平。

**第二，仅向成熟咨询师开放的特定疗法培训**。这类培训在设置上可能跟一般疗法培训差异不大，但通常会有一些异于主流疗法的过人之处，并且大多较一般疗法培训时长偏短（因为教授重点是"过人之处"的部分，而很少再覆盖基础技能）。

这些培训在招生上也有较高门槛，比如要求学习者已经系统化地完成了一个疗法的培训、已经获得专业执照（在国外，这相当于两三千小时的临床经验）。

与一般疗法的高阶培训不同的是，这类培训并不要求学习者完成的前一个疗法培训与该疗法相关。讲师需要的仅仅是作为成熟咨询师的学习者，来自不同背景的学习者可以在这里共同学习、自由碰撞。而能够支撑与容纳这些讨论，并能在其基础上给出更进一步的明确指导的讲师，则是整个培训的灵魂。

这类培训即使在国外也不能算主流，因为培训本身的体量小、受众范围窄，并且能够在这个层面上提供优秀培训的讲师也少，但它们却是咨询师中后期专业学习至关重要的组成部分。

没有一位咨询师是完美的，但这些培训让咨询师有机会看到在完美之道上走得更远的前辈，汲取她们经年积累的宝贵临床经验，见证在坎坷实践中磨砺出的人性闪光。

同时，在这个阶段上，学习者也几乎极少再陷入对讲师的盲目崇拜，因而能够客观地看待每位讲师的不足之处，并以此为鉴。

## 阶段 ×：自主学习

除了正式的培训学习，咨询师在整个职业发展过程中，还需要时刻进行其他方面的自主学习。**这里的自主学习并不是指阅读专业书或做临床练习（这两者更多可算作咨询培训的一种延伸）。**

咨询师真正需要自主学习的是咨询培训之外的内容，这通常包括两方面。

**第一，了解社会与人群。**咨询室内虽然常常显得与世隔绝，但来访者带来的困扰，以及咨询师与来访者的种种互动，却常常是更大的社会、历史、文化现象的缩影。咨询师如果太专注于咨询室内的一切，缺少与咨询领域之外的社会的交集，就容易变得不接地气，而这会影响咨询师的共情水平以及理解来访者所处困境的能力。

**这些内容咨询师有时候可以从多元文化基础、性少数人群咨询之类的课程中了解一些端倪，但真正的学习发生在生活中。**每个咨询师都有自己的性别、性取向、社会阶层、收入水平、地域、教育背景、宗教信仰、身体状况，当然还包括职业专长等。如何突破自己的初始设置和舒适区间，了解到社会上与自己的背景大相径庭的更多人的实际生存状态和内心感受，使他们在自己面前不感到遥不可及，是一项需要长期持续投入的修炼。

**第二，了解自身。**这同样是咨询师在培训中会一定程度上接触到，对咨询师未来发展至关重要，但不太可能通过培训完成的学习项目。事实上，这个项目只能由咨询师在专业培训和个人体验的辅助下自行完成。

每个咨询师坐在咨询室中的主观感受并不是完全相同的，每个人基于其性格和经历对于同样的临床现象也会产生截然不同的情绪和身体反应，甚至由于每个人的表达习惯和社会属性，他们在说同一句话的时候，都可能带给对方完全不同的感受。

当她严肃陈词的时候，会给对方带来多大的压迫感？哪种关系表现会导致他难以耐受，他对这种表现的习惯性解释是什么呢？**这些问题只能通过咨询师的觉察和反思自己去回答。**

不仅如此，这些观察还可以帮助咨询师建立起对人类心理过程的主观了解。咨询师虽然看不到来访者的心理过程，但可以看到自己的心理过程，且人类的心理过程中有许多是具有共通性的。不少早期心理学家的主要研究方法之一就是自我观察，而这一学习方式也值得被每一位心理学的后继者沿袭下来，继续发扬光大。

有三句必定阻止我们前进的话：
我必须做好，你必须善待我，世界必
定很容易。

——阿尔伯特·埃利斯，
理性情绪行为疗法创始人

02

第二章

CHAPTER

▼

# 基础培训

　　基础培训是咨询师进入心理咨询领域的第一步，这个阶段的训练对学习者来说，既简单又困难。简单的是相比之后的学习，在这个阶段，学习者只需要根据培训项目的安排把课上完，把作业做完，考试考过就可以了（这对大多数在学校系统中"身经百战"的中国人来说，实在不是什么问题）。

　　而且实事求是地说，很多心理咨询基础课在学术上确实也不太难，多数受过一定高等教育的人都能学下来，即使一时不明白，死记硬背总是能考过的。即使这个阶段安排了临床实习，通常也相当短暂，其目的更多是提升学习者对咨询的直观理解，而非对临床能力的硬性考核。

　　但相比大家在学校里更熟悉的学术型、知识型学科，心理咨询其实是一个实践型学科，至少对大多数未来希望成为心理咨询师（而非心理学研究者）的人是如此的，而实践型学科的学习方法显然与学术型、知识型学科不尽相同。

**在实践型学科的学习中，学习者学到的每一项内容，都是与未来的某些实践操作紧密相连的，是她们在未来的工作中会亲身经历的。**而如何把学到的内容作为现实的一种映像接纳，作为个人经验的一个组成部分整合，并在其中意识到人与人之间的联结与共通之处，而不是仅仅把它们作为一系列认知上的概念和理论存储在大脑之中，就是心理咨询学习中最为具有挑战性的部分了。

在这条学习之路上不存在捷径，也没有单一既定的解决方案，但确实存在一些可供参考的学习思路和视角，而这也是我们接下来要探讨的话题。

## 调整学习视角

大多数咨询师的基础培训，都是从"上课"开始的，但很少有学习者在开始上课之前，理解咨询师基础培训的课程体系及其设计目的。这就导致**很多学习者并不理解自己听到的内容跟未来的临床工作之间的关系，而不少基础课的老师本身也不一定熟稔临床工作，因此亦无法向学习者传达课程的设置目的。**于是，学习者只能将过去的学习习惯带入咨询培训中，本应指向实践的课程学习变成了背概念、听故事和应付考试——这种缺乏目的性的学习结果就是事倍功半。

事实上，咨询师基础训练的课程体系并不复杂，其设计目的也相对清晰，学习者完全可以预先了解，然后按图索骥，最大化自己的学习成果。

咨询师的基础课程通常分成几个大类：

（1）基础心理学课程

发展心理学、人格心理学、变态心理学等基础心理学课程，通常被学习者理解为心理学的基础，所以学习者认同自己"应该"学习这些课程，却并不明白这些课程在临床上实际就是"个案概念化与临床评估"的基础。

所谓个案概念化，就是指咨询师根据某种心理理论对来访者的问题进行的理论假设。它是咨询师理解来访者的主要方式之一，也是咨询师选择适当临床干预策略的基础。

而基础心理学课程，其实就是在讲解如何用心理理论理解人：人在某个发展阶段需要完成的社会心理发展任务、特定人格的表征和可能的形成因素、功能不良的情绪表现可能导致的现实问题……**学习用心理理论去分析人和心理现象，并推断背后可能的影响因素，正是个案概念化训练的主要组成部分之一。**

学习者在将基础心理学学习与临床实践结合起来时经常遇到的困难是，由于受到目前主流科学研究范式的影响，大多数基础心理学知识都是基于第三人称视角的，即主要呈现的是个体作为孤立客体时的特征和表现（如"研究者普遍观察到人在青少年期非常关注他人对自身的看法"）。

而在临床工作中，咨询师更多使用的是第二人称视角和第一人称视角的知识，即个体作为关系主体时的特征和表现（如"青少年来访者会反复试探咨询师对自己的看法"），以及咨询师本身在与该个体处于关系中时产生的主观体验（如

"咨询师感到压力时，可能是青少年来访者在试探咨询师的看法"）。

这些第二人称、第一人称视角的知识很难单纯从听课和阅读中获得，而需要学习者在课下的临床实践、个人体验、生活观察中完成这一转化过程。**只有经过了基于个人经验和独立思考的视角切换和信息转译过程，学习者学到的基础心理学知识才能在临床工作中真正"活过来"，成为支持其个案概念化与临床评估的专业资源。**

（2）咨询方法课程

咨询基础、助人技术、认知行为疗法、心理动力疗法、伴侣咨询、职业咨询等咨询方法课程，通常是学习者最爱听，目标也最明确的课程。

在学习这些课程的过程中，学习者比较容易落入的陷阱是：

第一，把简介式的课程内容当作该领域的全貌，轻率地评判课程内容，或者误把"知道"当成"理解""会做"。

第二，期待老师提供具体、公式化、操作性强、即插即用的临床解决方案，自己只要照葫芦画瓢般套公式，就可以成功完成相应咨询。简单来说，就是"你告诉我怎么干，来访者就能好"。

这两个陷阱常常来自初学者对咨询实务过度简化的理解，但还未接触过实务的咨询师确实也很难凭空想象实务的情况。我们会在后面章节中讨论课堂与实践的差距以及临床世界的多样性，给初学者一些更直观的信息，但在这里首先需强调的是，**无论学习者想象中的咨询实务为何，都需要尽早放弃套公式做咨询的想法，并且越早放弃越好。**

学习者可以反过来想一想，如果某种疗法只要按照既定的方法步骤就可以成功完成，且这些方法步骤高度具体、随时可行，那么我们为什么不开发一个程序来完成这些干预呢？即使今天这套程序还没出现，相信很快也会有人着手开发。毕竟，电脑可比人脑经济便利多了。

只有那些需要复杂思考能力、敏锐感受力、独特创造力和深厚人性的工作，才需要咨询师这样受过复杂训练和积累了丰富经验的专业人员来完成。而正是咨询工作对动态性、复杂性及对经验和人性的高要求，为这个职业提供了安全壁垒。

如果学习者希望成为一位长期执业的咨询师，就不得不正视这个现实，即咨询绝不是听点理论、学点技术就能做好的。基础培训阶段的咨询方法课程是指月的手，它们的目的是为咨询师指明前进的道路，并为他们的临床发展准备"第一桶金"。接下来，才是真正的征程。

（3）心理科学训练课程

心理学研究方法、心理统计、心理测量与评估、论文写作等心理科学训练课程，有时候也包括认知科学之类的核心科学课程，这些通常是最令学习者头痛的。他们不理解，为什么不打算做科研的他们要学这么多科研方法论，这些课程跟他们未来的实践到底有什么关系。

事实是，确实有关系。这些课程指向的，是咨询师独立思考和继续学习的能力。心理咨询是一个科学、循证且不断发展的学科，咨询理论日新月异，临床疗法也不断推陈出新。**咨询师在工作中既要看到临床实践的真实情况，也要了解学科研究的实时发展，判断不同理论疗法在临床上的实用性和**

**必要性，还要根据具体工作需要，不断更新自己的专业知识，优化自己的能力结构。**

在现实中，每个理论都会强调自己的独创性和重要性，每个疗法也都会宣传自己的必要性和全面性，并不存在一个绝对权威可靠的声音会像中学背的文史课答案一样，给每一个理论定性，论断每一个疗法的价值——这些全部都需要咨询师运用自己的学术能力去判断，然后结合自己实践经验去应用。

心理科学训练课程提高咨询师对理论和疗法的判断和甄别能力，并通过一系列学术训练（如搜索相关文献、梳理发展源流、理解研究方法、检视临床数据等），系统提高学习者的逻辑分析能力、批判性思维和问题解决能力，使大多数咨询师能够达到执业所需的基本学术基准线，即我们第一章中提到的咨询师所需具备的主要基本条件之一。

如果学习者存在逻辑思维能力方面的短板，这些课程将是他弥补漏洞的最好机会。有时，也是最后的机会。

（4）咨询执业课程

咨询伦理、咨询师生涯发展、多元文化基础、临床实习等与咨询执业有关的课程，其主要目的是对学习者进行心理咨询的职业启蒙，引领学习者进入咨询师的专业世界中。就像过去的学徒会从老师傅那里了解行内人的生存状况，学到行内的规矩禁忌，逐渐成为其中的一分子一样。

**咨询行业中真正的"帮带过程"实际上是在临床督导中发生的，而执业相关课程则更多的是给学习者一个理解自己行业的框架，并将一些行规和行业现状介绍给她们。**通常进入这个部分的课程时，咨询师的基础培训也逐渐接近尾声。绝大多数咨询师都是抱着某种理想主义心态进入这个行业的，而此时就是理想照进现实的开始。

理想是丰满的，现实是骨感的。咨询伦理是完美的，但践行它的人却不可能是完美的；咨询的目标是美好的，但咨询者与被咨询者面对的却是一次又一次的苦痛；咨询师的愿景是光明的，但走向光明的执业之路却满是荆棘。

接纳行业与自身的现状，并在执业与实习课程中成功承受现实的第一次打击的学习者，就为自己赢得了走上成为咨询师之路的资格；而那些不愿接受这些现实的学习者，则可能逐渐走向其他行业——这对咨询行业和他们自己都是一种最好的安排。

## 磨炼助人技术

基础培训阶段咨询实务的学习通常包括两个主体部分：一个是学习基本助人技术，如怎么共情、反馈、总结、提问、面质、澄清等；另一个是学习咨访关系本身，显然已经有很多文献支持这种独特的治疗性关系本身就是咨询起效的核心因素之一，甚至可能是最重要的因素。

不论是助人技术还是咨访关系，学习起来都不容易，但实事求是地说，前者还是相对容易一些。**因为助人技术是有形的、具体的，甚至一定程度上是有章可循的；而咨访关系则弥散在整个咨询中，动态、抽象，不易在主观上把握。**

然而，即使是相对"简单"的基本助人技术，其学习过程也常常比学习者预期的漫长和复杂。相比学习知识，学习助人技术其实比较像学做菜。大多数学习者一开始接触助人技术的体验，有一点像看网上的做菜视频。所谓"一看就会，一做就废""眼睛已经会了，然而手不会""看的时候记得清清楚楚，放下视频两秒就忘了下一步怎么做""完全按照步骤做的，然而成品却是黑暗料理"……这些常常是心理咨询初学者的真实写照。

课上老师演示后，自感能信手拈来，自己做咨询的时候，不仅话说不顺，而且只要来访者的反应和自己的预期不同，就容易原地宕机。如果没有什么重大个人议题阻碍咨询师的发挥，那么这种情况基本可以归结为两个字——欠练。

咨询中的基本助人技术没有一个是在基本操作上非常困难的，但要做到熟能生巧，巧能生精，从有意识地用力去做，到有意识地轻松去做，到无意识也能反应过来，到无意识仍能立刻做对……是需要花漫长的时间下功夫的。

这就像大多数人都能在有保护的垫子上做前滚翻，有些人甚至能详细拆解前滚翻的动作要领，但能在大街上冷不丁有车撞过来的时候立刻做前滚翻并成功避开，就不是一般人能做到的了。然而，这才是咨询师在咨询中面对的真实情况：来访者说什么都有可能，怎么反应都有可能，咨询师必须实时见招拆招。

只有把基本助人技术练到成为其第二天性的程度，才能说是技术彻底到位了。而绝大多数人始终都在不断磨炼的过程中，包括我自己在内。

**助人技术的掌握不存在捷径，只有练习、练习、再练习。**

这和厨师练刀工没有什么本质差异，基本刀法就那么几种，但不切它几百千克土豆就练不出手感来。

虽然在课堂上找同学演练、私下里找熟人演练以及对着视频演练也能起到一定效果，但由于这些互动中潜在的关系动力与咨询室内的实际情况有许多差异，因此常常更适合作为初学者的试验场，而许多更深入的练习则需要在真实的咨询中发生。

这时就出现了一个很微妙的状况：咨询师需要练习助人技术，那么必须有真正的来访者，但咨询师的助人技术又很生疏，所以能不能对来访者有帮助并不好说。

正因如此，绝大多数国内外的基础培训项目在实习阶段提供的都是免费咨询，或者仅象征性地收一点钱（模拟真实咨询中的财务安排），有时候毕业期的校外实习项目也不收费。并且，在实习的过程中都要配备个体督导，在一旁随时关注咨询师的动向。这既是一种教学，也是为了必要时有人能够踩个刹车，免得咨询师给来访者端出一盘"黑暗料理"。

助人技术的训练是一个长期过程，而基础培训阶段的练习只是一个开始。咨询师会在最初的练习中发现自己擅用哪些技术，又难以掌握哪些技术，然后，就要在自己的弱点上着重练习。

**基本的技术虽然未必能做出光彩夺目的效果来，却是所有疗法的基石，因此要尽可能避免在其中任意一个技术上出现重大短板，**否则咨询师未来就可能在来访者需要某种特定反应时，没有能力提供相应的基本服务。而这对来访者是一种损失，也不利于咨询师的成长。

## 驾驭咨访关系

我曾经问过一个对疗法技巧格外热衷的受督:"你有没有考虑过一个问题,如果咨访关系是咨询起效的共通因素,那么咨询师真正的核心专业能力实际上不应该是关系能力吗?更具体地说,是建立、维系和驾驭咨访关系的能力。"**咨访关系能力的学习,更是从咨询师进入实践的第一天开始,贯穿其职业生涯始终。**

咨访关系是一种独特的关系。它是一切治疗性互动的载体,是咨询师与来访者相遇的立足点,是来访者关系模式再现与探索的试验场,是矫正性体验发生的媒介,也是咨询师与来访者共同努力的结果。它与我们生活中的关系模式紧密相连,但与我们遇到的任何一种关系又有所不同。它遵从所有人类关系的一般发展规律,可以容纳绝大多数人类可能的关系体验,同时自带治疗性的明确目的,并且受到咨询设置和伦理的严格限制。

人与人的关系有许多不同的可能性,咨访关系也是如此。从将外界的一切当作自我的延伸,到把他人当作完成任务的工具和亟待解决的问题,到与对方作为平等的人相联结,到超越彼此的身份、背景乃至物种,以存在与存在的方式相遇……生命与生命之间能有多少种相遇,咨访关系中就存在多少种潜能。

除了完全将他人当作自我的延伸这样高度自恋的关系模式,几乎每一种能将他人囊括在内的关系方式在咨询中都有其价值和应用。不同重点和深度的咨询工作,需要不同品质的咨访关系支撑。因此，从某种角度上来说，咨询师能够驾驭的咨访关系越多样、越深入，能够进行的临床工作就越复杂多样。

事实上，在心理咨询界有这样一句话：你只能带来访者到达你曾经到过的地方。在现实中，这句话并不确切，来访者完全可以在一些方面比她的咨询师走得更远，比如阅读量更大、自我管理技能更熟练，或者更了解自己的生活，因而具有属于自己的智慧。

然而，**只有在一件事上，只要咨询师没有"到达"过，就百分之百无法带来访者"到达"——这就是咨访关系**。咨询师无法在咨询中主动创造并维持自己根本没有体验过的关系方式，如果咨询师自己没有体验过，即使来访者有潜力，最终关系也无法成功建立。这就像谈恋爱，如果其中一个人不能谈，那不论另一个人能不能谈，这个恋爱最后总是没法谈。

咨访关系学习的难点在于不同关系精髓的学习，具有非语言性、非概念性的特点。一个人可以熟读咨访关系的种种特性与要领，熟练分析每一种关系模式的来源和弊端，但对这种关系的精髓却毫无切身体会，更不用说在咨询中的每一种关系里流畅自如地互动。就像一个人可以将植物图鉴倒背如流，却从未亲口品尝过水果。其实，水果的味道并不玄奥神秘，但它在口中的感受却无法通过任何文字完整传达。咨访关系也是如此，再多知识的学习都是辅助，咨访关系的第一手经验只能靠"吃"积累，也就是亲身体验它来学习。

如果说基本助人技术学习的核心是"练习"，那么咨访关系学习的核心就是"体验"。只有亲身体验每一种关系，吸收并整合其精髓，咨询师才能更好地建立、维系和驾驭咨访关系。此时，咨询师要做的就是想办法寻找尽可能多的关系体验的机会。

## 学习咨访关系的方式

### 督导下的临床实践

通过与真实来访者的临床工作，咨询师逐渐体验到咨访关系的独特滋味，并发现自己擅长的关系方式、习惯的关系状态，以及需要发展的关系能力方向。

有经验的督导会根据咨询师与来访者的真实互动，帮助咨询师反思自己的关系模式，并根据咨访关系本身的发展规律，引导咨询师尝试以适合自己的方式进行新的关系互动，从而拓宽自己的关系领域，体验到更深入、更多样的咨访关系，然后在未来的工作中进一步地整合与稳固它。

### 个人体验

如果某种关系学习者完全没有体验过，甚至想象不出，那么找到一个具有这方面关系能力的咨询师，并接受其提供的个人体验咨询，让自己在解决个人议题的同时，体验并熟悉这种关系状态是相当合适的。

另外，注重体验成分的疗法培训中也经常会有意设置一些环节，帮助学习者探索自己在关系中的感受，为新的关系体验创造机会。但究竟能不能体会到，就取决于学习者自身的潜力和当时的状态了。

## 体验与把握变化的咨访关系

由于咨访关系是一种活的存在，在实际咨询过程中会持续发生变化，咨访关系的学习也需要覆盖它的整个生命线。咨访关系在咨询的第一年里，几乎每十几周就会发生一些变化；在未来的两三年中，几乎每一年都会有质的变化；在3～5年之后（如果来访者确实需要那么久的咨询），才会进入相对稳定的阶段，但当咨询出现重大突破时，关系还会出现变化。

这其实和一般人际关系的发展并没有什么本质不同：在最开始认识的时候，人们会快速了解对方的情况，并因为了解到的情况而产生不同的反应；在彼此都了解对方大体情况，也有一些相处经验时，人们就会看看在不同情境下彼此兼容度如何，关系能发展到怎样的深度；待长期深入地相处之后，关系就进入一个相对稳定的阶段，不太会因为一点风吹草动而动摇，但如果出现突发事件，仍然可能会影响关系的走向。

正因关系的自然发展需要如此漫长的过程，而咨询师又需要亲身体验到关系的特定阶段和方式才能全身心地掌握它，这就意味着咨访关系学习本身也是以年为单位的。**不论是在咨询关系中还是在个人体验中，咨询师只有亲身体验某一种关系，并且是一次又一次地体验，才能较好地把握住这种关系的精髓。**

而且，咨询师经常需要完成上一年的功课，才能进入下一年，毕竟人和人的关系不可能直接跳过第一年就开始第二年。只有成功给来访者做完第一年的咨询，才有第二年的机会。如果来访者中途脱落了，或者不需要长程咨询，那就得从新的来访者重新开始<sup>⊖</sup>。

当然，这里我们是以咨询师企图掌握个人咨访关系的全部过程为前提的，事实上也存在很多仅做中短程咨询或者仅做特定工作类型的咨询师，而咨访关系在不同的咨询设置中也会有所不同（如家庭咨询、团体咨询、青少年咨询等）。

但可以确定的是，不论专注于哪种咨询工作，咨询师都需要经过类似的历程，掌握与之相对应的咨访关系的精髓。**而当咨询师转变工作重心时（比如由短程转向长程，个人转向家庭），要重新积累的可能不仅有疗法和技术，还有咨访关系经验本身。**

---

⊖ 这也是一些流派训练中要求必须有长程且持续来访者的原因，多位来访者累积的 100 次咨询，和一位来访者连续不间断的 100 次咨询，在咨访关系学习上，是完全不同的概念。

好的心理学应该包含所有方法技术，而非忠于一种方法、一种理念或一个人。

——亚伯拉罕·马斯洛，
人本主义心理学创始人之一

## 03
第三章
CHAPTER

▼

# 疗法培训

在第二章关于基础培训的讨论中，我们可以看到，心理咨询的基础培训虽然包括介绍流派和疗法的课程，但并不必然有任何流派和疗法的侧重。它是一种更加通识型的教育，目的是让学习者对整个行业有基础、全面的认知。

但在咨询师的实际工作中，流派和疗法却有着很重要的地位。咨询师在彼此交流或者挂靠平台的时候，都会被问到偏向的流派和常用的疗法；在与来访者沟通和进行干预的时候，也需要向来访者说明自己使用的疗法，并且会在一定程度上遵循某种疗法进行个案概念化和临床干预。

因此，**在完成基础培训后，流派和疗法培训就成了咨询师学习的重点，并且只要咨询师长期学习和执业，早晚都会有专长的流派和疗法。**

在这一章里，我们会探讨让新手咨询师最为头痛的流派选择问题，以及更加困扰成熟咨询师的培训组合问题，我们也会谈一谈在流派和疗法培训中可能发生的一些情况，以及如何把在培训中学到的知识应用到自己的临床实践中。

## 发现适合自己的流派

如果想要搞清楚自己适合什么流派，我们首先要回答一个问题：什么是流派？在汉语里，流派是指水的支流，或者指学术、文化艺术等方面有独特风格的派别。一个艺术流派是指在一定历史时期里，由一批思想倾向、美术主张、创作方法和表现风格相近的艺术家形成的派别。以此类推，**一个咨询流派则是指在一定历史时期里，由一批思想倾向、学术主张、干预手法和临床风格相近的咨询师形成的派别。**

更通俗地说，咨询流派其实比较类似于菜系：所有厨师都做菜，并且从生物化学、食品科学角度，对人类而言"美味""营养"的食物在其获取和烹饪方式上，肯定有一些本质上一致的原理和原则，但由于不同地区气候物产不同、人们的生活条件和习惯不同，以及当时能利用的知识和资源不同，就会产生不同的菜系。就像粤菜、川菜和鲁菜都会做鱼，做之前也都会对鱼进行基本处理，但实际做哪种鱼、具体怎么做，以及做出来的味道，显然不可能一样，并且各人在对不同菜系的口味偏好上也存在差异。菜系之间本质上没有优劣之分，都能吃，也都有好吃的菜，但各菜系吃起来确实不是同一个味道，擅于处理的食材不尽相同，学起来也有差异。

当然，不同菜系的出现更多是地域性原因，而不同咨询流派的出现，则与不同历史时期人们主要的社会心理困扰和流行的哲学思潮关系更大些。多数咨询流派基本都是将当时最流行的哲学思潮之一作为理论基础，以解决当时最常见的社会心理困扰为方向，再根据流派创始人（及其所在专业团体）的临床偏好和专长发展出来的。

在心理咨询学科本身还没有形成具有共识性的基础体系之前，每个主要流派在当时当地都可以在一定程度上作为"心理咨询"的代名词使用。比如在 20 世纪初的北美，"精神分析"几乎可以等同于"心理咨询与治疗"，毕竟那时候在精神分析以外，北美医学界也没有其他广泛使用的心理疗法了。

而在心理咨询方法逐渐多样化、科学化的今天，咨询流派的性质则与艺术流派更接近。**每个流派都拥有自己看待世界的独特视角、处理问题的偏好和深入挖掘的技法，并且同一流派咨询师的性情、偏好、专长也会有相似之处。**

基于这样的状况，如今的咨询师在选择流派的时候，其实是在选择一种视角、偏好及其衍生的技法。此外，由于物以类聚、人以群分，咨询师也经常会在这个过程中找到跟自己性情、思想相近的同行。

当然，现在也有不少咨询师选择整合流派，即没有固定的流派倾向，尝试采众家之长，或者相比遵从特定的流派，更看重方法的临床适应性和实用性。但由于每个咨询师都有自己的个性特点，并且一个人也不可能在所有技术方法上都深入学习、高水平应用，因此在现实中，即使是整合流派的咨询师也难免存在流派、疗法、价值取向上的偏向性。

接下来我们就来聊聊如何选择（或者说发现）适合自己的流派。

## 问自己两方面的问题来匹配流派

由于新手咨询师临床经验比较少，对各流派的理解也相对较浅，经常会在学习初期陷入"流派选择困难症"。毕竟，每个流派都有其长项和道理，咨询师学起来会觉得哪个好像都对，哪个也都不错。

网上也存在一些诸如"你是哪种流派的咨询师""你适合哪种咨询流派"之类的自评量表，然而自评量表通常只能反映咨询师意识范围内已知的情况，而对于咨询师还不知道的事情，自评量表的帮助相当有限。加上这些量表的信度与效度颇难确定，所以咨询师测来测去也没个准确的结果。

不过还是有一些方式可以帮助咨询师尽早确定适合自己的流派，而且方法并不复杂。实际上，咨询师只需要问自己两方面的问题，就可以大体匹配出来。

**1. 人为什么会改变？**
**2. 怎样的人生是好的人生？怎样的生活是好的生活？**

**所有主要流派在这两方面的问题上几乎都有自己独特的答案，而如果你的答案与流派的答案相符，说明你本质上就是这个流派的咨询师。**

比如在改变理论（theory of change）上，认知行为流派认为人是通过学习和训练改变的，经典精神分析流派更看重潜意识的意识化，而人本主义流派则倾向于认为人内在具有向健康改变的蓝图，可以通过积极关注和共情促使改变自然发生。在价值取向上，人本主义流派认为人发挥自己的潜能最重要，认知行为流派认为人完成社会和自我功能最重要，而在一些家庭咨询流派看来，家庭功能良好可能比任何个人的功能良好更重要。

如果以我个人来举例，首先我是一个整合流派的咨询师，但在价值取向和临床手法上，我显然会有自己的倾向，而这种倾向就可以通过我对于这两方面的问题的答案澄清出来：

在第一个方面的问题上，我认为是"学习"导致了人的改变。这种学习可能是获得新的信息，也可能是得到新的体验或者经历新的感受，但其基本点是，在适合的状态下，适当的新异刺激可以使人学到新的技能，体会到新的感受甚至存在状态，并随之导致人的改变。这是一个很典型的学习理论，所以很显然，我一定程度上认同认知行为流派的观点和方法。

在第二个方面的问题上，相比完成一个人的社会和自我功能、满足社会期待，我认为一个人与此时此地的现实、真实相联结是更重要的。这是一个有着相当现象学风格的答案，所以我就会认同包含较重现象学成分的流派，比如完形流派。因此从流派角度来看，我的临床取向会更贴近于认知行为流派和完形流派。

作为整合流派的咨询师，只要与这两方面的问题的答案不冲突的流派和疗法（比如正念、存在主义、各种类型的体验疗法等），都可能会被我选用，因而形成了在临床上"整合"的结果。但如果差异很大，那么这些流派和疗法则很难被我整合进个人的临床工作中，因而整合也不代表"什么都做"。

## 你的三观决定了你的流派

　　每个流派都有自己的改变理论和价值取向，只要一个咨询师的改变理论和价值取向与该流派有明显交集，这个流派就适合他，而他在学习和应用该流派的理论技法时也会感到非常自洽、自如。反之，如果咨询师并不认同该流派的改变理论和价值取向，那么不管怎么学，咨询师都会感觉"哪里不对"，因为他和那个流派压根不在一个世界里，他们之间并无明显交集。

　　谈到这里时，你也许已经发现了这一点，即用于选择流派的这两方面的问题根本就不是纯粹的心理学问题，而涉及一个人的三观。人的三观的形成过程是漫长的，在形成之后也是相当根深蒂固的。所以当一位二三十岁，甚至四五十岁的学习者开始学习心理咨询的时候，她的三观应该有相当一部分已经形成了，甚至可能已经全面彻底地固化了。

　　因此，从严格意义上来说，咨询师并不是在"选择"流派，而是在发现、澄清他在自己人生历程中已形成的流派倾向。同时如果咨询师由于某些原因三观出现重大变化，她也有可能变换流派，以使其临床取向表里如一。

　　只要不是伤天害理、贪赃枉法，三观就不存在绝对的对错好坏，因此这两方面的问题也没有唯一解或绝对正确的答案，而只关乎咨询师个人的价值取向和人生态度。也正因如此，没有任何人可以帮助、代替咨询师去回答这些问题，即使是别人的完美答案，对咨询师自己也毫无意义。**咨询师的答案必须来自他内心深处，这个答案不会因外界环境的变化而变化，很可能也不受他个人一时的偏好和意愿影响，而是**

**他一直以来坚信的结果，并无形地渗透在他生活的方方面面。**

询问自己这些问题，并诚实地回答自己。如果一时没有答案，就不断问，直到答案在内心清晰呈现。所谓发现适合自己的流派，其实就是这么回事。

## 选择合适的培训组合

在疗法培训阶段，咨询师面临的是广阔而动态的临床世界，而她们的挑战则是如何全面提升自己的临床能力，使自己在临床领域中站稳脚跟，拥有自己执业的一席之地。

在这个阶段，市场上的疗法培训成为绝大多数咨询师的学习重点。当这种情况变得极端化时，大多数咨询师就会发现市面上的培训种类远比自己在基础培训课堂上接触到的多得多，并且价格不菲、时长不短，而人的精力和金钱显然相当有限，因此如何选择适合自己的培训就成了重中之重。

虽然绝大多数培训的名称都是"××疗法"或"××咨询"，但实际上，这些培训内容大体可以分为四类：流派、疗法、技术、知识，而绝大多数培训都是这其中一种或数种内容的组合。

并且，由于每个培训的长度和容量都是有限的，一个培训几乎不可能全面深入地覆盖所有内容，因此咨询师就需要选择合适的培训组合，以使受训能够满足自己大多数的执业需要。

在此之前，我们先来了解一下这四类培训分别是什么、有什么特点。

## 流派型培训

首先我们来看看流派型培训。

### 核心内容

前面我们已经谈过，流派是一种临床和价值取向，即咨询师偏好从什么视角看待和解决问题，以及认为什么在一个人的生命中更为重要。正因如此，从定义上来看，流派是一种相当形而上的存在。

那么，流派型培训的基石便是其哲学基础，而在整个流派型培训的过程中，也会普遍地渗透这种临床理念和价值观点。

至于流派型培训的根本目的，则是通过长期的沉浸和全面的体验，咨询师能习得一种看待世界的特定视角，而流派的个案概念化和临床干预则是将这个视角应用到临床中产生的结果。

### 培训时长

不同流派的培训时长都非常长。一个系统的流派型培训很少有短于两年的，前后持续三四年是常见情况，长达8 ~ 10 年的也有。

在临床中，全面整合一种理念显然比模仿和掌握一种技术要花的时间长得多。因此，咨询师在选择流派型培训前，最好在相当程度上确知自己与该流派的价值取向相吻合。

### 其他特点

由于流派与流派间的理念体系存在本质不同，甚至不同流派定义的"临床世界"的范围和大小都不一样，所以不同流派型培训之间的差异通常是巨大的。

- ▸ 有些流派会花大量的时间讲解概念和理论，课堂内容充满案例分析和智识上的讨论。
- ▸ 有些流派则重在体验，理论点到为止，学习者整日都在做体验练习和自我探索。
- ▸ 有些流派上场就是科研和技术科普，然后才是技术的系统训练、专项训练、进阶训练。

…………

流派型培训中可能包含了疗法、技术和知识，也可能不包含，包含什么完全取决于流派本身看重什么，不同流派对疗法、技术、知识的认知可能都存在差异。

事实上，并不是每一位咨询师都必须要接受流派型培训，在咨询界也存在很多"整合取向"的咨询师（即他们对任何流派的价值取向都没有明确的认同感），还有很多咨询师是通过疗法型培训加入流派的。接下来，我们就来看看疗法型培训吧。

## 疗法型培训

由于很多流派的名称就是"××疗法"（比如认知行为疗法、人本主义疗法），而且有些流派培训确实也包含具体治疗方法的学习，就导致很多初学者分不清在培训中流派（school）和疗法（therapy）的差异。

### 核心内容

如果说流派型培训的根基是一种临床理念和价值观点，疗法型培训的根基则是一套针对特定临床表征的解决方案。

以辩证行为疗法和移情焦点疗法为例。作为比较典型的

"疗法"，这两种疗法都是针对边缘型人格障碍开发的疗法，前者偏向认知行为取向，后者偏向心理动力取向，而两者的内容都包括边缘型人格障碍的个案概念化、改变原理、干预技术、临床困难解决等，因此其中任意一种疗法培训都能使咨询师全面掌握对边缘型人格障碍干预的理念和方法，即令她能把一个有边缘型人格障碍的来访者"从头做到尾"。

同时，由于很多临床问题的表征具有相似性和交叉性（比如罹患双相情感障碍、进食障碍的来访者也存在类似边缘型人格障碍的情绪波动大、情绪耐受力低、人际基本技能不足或理解上有偏差等问题），咨询师就可以延展疗法的使用范围，成功干预相似的来访者。

至于疗法型培训的目的，不仅是学完所有课程，更重要的是让咨询师能够理解、掌握课程中的内容，并在实践中操作。所以，培训通常不会一次性把课讲完，而是让他们逐步消化，并在各次培训间留出实操演练的时间。

### 培训时长

绝大多数疗法型培训的核心讲解内容时长在数个月，也就是说如果完全集中授课，课程应该能在几个月内完结。

但是，实际的培训时长通常在两年左右，或者更长一些。关于这一点，可以结合疗法型培训的目的来理解。除了课程学习，咨询师还需要时间去理解与掌握课程内容，以及在实践中内化知识。

### 其他特点

由于一个独立的"流派"必须在哲学基础上与其他流派

有本质差异，而获得学术界普遍认可的主流哲学思潮数量有限，并且也不是每个哲学思潮都适合作为心理咨询流派的基础，因此流派在推陈出新上存在客观限制，主流流派数目不可能比主流哲学思潮数目还多。所以，在最近几十年中，大多数新的临床发展都不再形成新流派，而是形成新疗法。

另外，疗法虽不如流派的开放度和灵活性高，但在操作方法上更具体、科研基础上更扎实（毕竟，验证一个疗法比验证一个流派在科研上操作性强多了），其干预内容也更紧跟时代，可以迅速切实地解决咨询师遇到的常见主诉和棘手的临床问题。因此，在国外，根据自己感兴趣或服务的人群选择一个或数个疗法进行培训，逐渐成为疗法型培训阶段的常见选择之一。

## 技术型培训

把自己称为"××技术"的培训非常少见，这可能部分是因为大多数人内心都存在一种"鄙视链"，即流派比疗法高档，而疗法又比技术高档。

但在真正的临床实践中，这样的看法并不那么切合实际，流派、疗法、技术各有长项，在不同层面支持咨询师的临床工作。

### 核心内容

技术型培训专注于具体技术的应用，因此我们也可以通过培训的结构和内容在一定程度上判断某个培训的技术成分占比多大。

技术有些时候可以扩展成疗法，疗法中也可能包含独特的技术，但在广义上，技术型培训的核心一定是某一个或一组特定的干预技术，而所有干预都是围绕着这些技术展开的——或者是为了完善技术使用的条件，或者是为了扩展技术使用的范围，或者是为了解决技术使用中出现的问题。

至于技术型培训的目的，则是理解和掌握具体临床技术的应用范围和应用方式，并能够在实践中操作。

### 培训时长

绝大多数技术型培训的核心内容只要数周的集中培训就可以讲完，并且在几周之后，有时甚至是一周之后，咨询师就已经知道自己要对来访者"做"什么了，是真正的"所见即所得式"培训。

在实际培训中，技术型培训同样要求学习者通过练习与消化来掌握，而不是讲完就结束了。因此，实际的培训时长少则数月，多的可以达到一两年。

### 其他特点

技术型培训没有流派背景。在介绍疗法型培训时，我们举例谈到的很多疗法都隐含某种流派背景，但技术则不受流派限制。你可以在多个流派中看到相同的技术，不同的流派可以以不同的方式使用同一个技术，因此在选择培训的时候，技术与流派匹配的需求也大大降低。只要咨询师觉得某个技术在咨询中能用得上，她就可以学、可以用。

它还有一个最大的优势：易学易用。前面我们已经讲到，技术型培训是真正的"所见即所得式"培训，这就意味着，不论之后培训有多少扩充内容，这个核心的"做法"基本都会保持，只是加一些变体和进阶演化罢了。

除了上述特点及优势，技术型培训也存在一些问题。但实际上，技术型培训本身没有什么问题，它导致的问题通常是由于咨询师没有匹配其他培训造成的。

由于技术型培训专注于具体技术的运用，因此在临床的全局观、整体的个案概念化方面难免薄弱，甚至正是这种薄弱导致了技术在流派间的高兼容性。但如果咨询师的受训全部都是技术型培训，就会造成个案理解碎片化，咨询干预缺乏整体性，用完了技术就不知道该干什么好了。

不过，只要咨询师还有流派型或疗法型培训，这类问题就会迎刃而解，咨询师和来访者能最大限度地享受到技术的高效和便利。

## 知识型培训

相比容易彼此混淆的流派型、疗法型、技术型培训，知识型培训完全是另一种培训类型。

### 核心内容

知识型培训的重点更多放在对整个临床议题及其相关领域的科普，而非咨询实战。其中，比较典型的是如性少数人群咨询或进阶咨询伦理这样的课程。而国外也存在不指向特定疗法的创伤疗法培训、人格障碍治疗培训等泛主题培训，它们比较接近于基础培训的专业版。

至于知识型培训的目的，则是普及特定临床议题或人群的相关知识，扩大咨询师的知识面，避免咨询师因无知犯该类工作中的常见错误，并将咨询师的工作水准保持在底线之上。

## 培训时长

知识型培训具有精练与专门两大优点，因而大多数知识型培训的时长也都是以小时计的，基本 1 ～ 3 小时一节课，整体课长则取决于有多少知识点。

比如，匀速朗诵一本十万字的书大概需要 15 个小时，而知识型培训基本都是以讲座为主，如果讲师在台上滔滔不绝，两个小时只讲了三四章的体量，再多讲，听众可能就"吃"不进去了。

## 其他特点

在内容上，知识型培训通常非常专业化、系统化。这和中国人一般理解的以听为主的课程最接近，讲师对培训主题进行全面的知识梳理和学术普及，而听众的任务则是知晓和记背。有时候这类课程也会包含一些小组讨论，但受限于课程形式，基本接近于读书会和课后答疑，内容通常是学习者提问和个人分享的组合。

在选择准则上，知识型培训通常是按需索取的。简单来说，它指的是咨询师临床上需要什么知识，就去上什么课，认真听完，这些知识点就算学会了。如果咨询师对某个临床议题或人群缺乏了解，又要尽快与其工作，知识型培训通常可解燃眉之急。不论在任何时期，知识型培训都可以帮助咨询师拓宽临床视野、扩大发展领域。

但是，知识型培训的内容和真正的临床实践之间，总是有旅游手册与真正的旅行之间的差异。诸如那个民宿现在还开不开、这条路现在还能不能走通，这些只有亲身经历、实践过的人才能验证。

系统梳理了疗法培训阶段中的四类培训及其特点后，相信多数读者对于自己现阶段需要哪些培训可能都有了一些想法。在具体的选择中，大家则可以根据自己的偏好、弱项，以及已经上过的培训情况进行选择。

如果有非常认同的流派，那就直接去学流派；如果没有认同的流派或者暂时没有条件深入地投入，那就先选感兴趣的疗法；如果流派偏向形而上、缺乏具体技术，那就补一些技术型培训；如果技术型培训上得已经很多了，那就往流派和疗法方向考虑。但是，不论是在流派、疗法、技术，还是在知识的培训中，都要避免厚此薄彼。

每一个能够长期屹立在临床世界中的流派、疗法、技术，都是其创始人基于自己长期的临床经验，针对其所在时代普遍的临床问题，交出的一份成功的答卷。相比评判每份答卷的好坏轻重，对于临床工作者而言更重要的是，**搞清每份答卷中的答案针对的究竟是怎样的题目，又使用了哪些解题思路和方法，并结合自己的临床实际，恰当地使用这些方法，把眼前的题目解出来，从而帮助来访者达成他所期望的改变。**

## 应用与整合培训内容

正如在基础培训阶段，咨询师需要花相当多的精力在实务学习上；在疗法培训阶段，实务学习也是不可或缺的组成部分，甚至比之前更加重要了。毕竟，疗法培训阶段要解决的就是"如何做咨询""如何做好临床实践"的问题。并且，作为更进阶的学习阶段，疗法培训阶段的实务学习相比基础培训阶段也要更富挑战性。

在基础培训阶段，咨询师的学习主要通过练习和体验：不论教的是什么技术，埋头练就好了，即使有什么一时不能理解，有了体验就行了。在疗法培训阶段，练习和体验仍然是首要的、必不可少的，但咨询师结合现实对临床理念的批判性思考、对干预技法有意识地检验和调整，以及在这个过程中对个人临床风格和优劣势的反思和补足，都会在很大程度上影响咨询师的学习效果，并直接影响其临床水平的提升程度。

因此，咨询师需要结合不同阶段的学习重心，整合培训内容，并应用于具体实践。

### 心理咨询疗法的西学中用

目前绝大多数心理咨询中使用的疗法都是在欧美国家研发并首先投入临床的，然后才逐渐扩展到全球范围内进行应用。

这些疗法大多拥有扎实的临床或研究基础，并且经过了经年累月的实践检验和调整，因此在有效性和可靠性上都是有保障的。但同时，由于这些疗法的研发环境，既往应用人群的文化背景、社会习俗与国内有相当大的差异，就可能导致咨询师在国内应用这些疗法时遇到意料之外的困难。

事实上，**相比欧美咨询师有时真的可以把有些疗法"搬来就用"，国内的咨询师几乎总是需要对疗法进行一定程度的再消化、再调整，才能使其疗效相当**（在适当情况下也可能出现更好的疗效）。

以团体咨询为例。很多欧美国家的人从上学开始，就是坐在课堂中围成一个圈，讨论自己的想法和问题。也就是说，他们每个人都是经验丰富的团体成员，其对开放团体讨论的熟练程度，恐怕不亚于我们对考试的熟练程度。

因此，在参加团体咨询之前，多数欧美来访者其实已经了解了团体讨论的方式和原则，团体咨询很多时候只是将他们过去的团体经验，迁移到一个新的安排和主题上。只要稍加引导，他们很快就可以掌握在咨询团体中的互动方式，并从中获益。而对于大多数在国内成长起来的来访者而言，平等开放的团体讨论是一个相对陌生的经验，毕竟绝大多数人上学时接受的都是"灌输"模式。平等讨论和灌输模式在学习上各有利弊，但体验肯定截然不同。国内来访者在第一次进入咨询团体时，经常缺乏进行复杂的团体讨论的知识和技能。如果讨论的内容恰好又直接指向情绪分享、自我暴露、关系冲突等高挑战的议题，他们就很容易在手忙脚乱又毫无自觉的情况下跑偏。

同时，咨询师也处于不明就里的状态：明明是按照培训的方法来做的，团体的质量和走向却与培训中描述的大相径庭，这是怎么回事？

**持续探索和审视每一种疗法或干预的起效条件、机制及其后续影响，是咨询师必不可少的功课，在跨文化学习中尤其如此。**咨询师不仅需要考虑心理科学领域内的条件和机制，也需要考虑社会环境、文化习俗、历史遗留因素、当地特殊情况等的影响。

一些疗法或干预的起效条件可能普遍存在于欧美社会中，以至于对欧美的咨询师和研究者来说不可见，正如生活在水中的鱼看不到水。但当生活在陆地上的生物去看水时，一切可能都不一样了，而这些存在于同样的疗法或干预中的不同之处就需要咨询师做额外的工作去调整和补足，甚至在一定程度上改变工作的方式和形式，使疗法或干预可以更好地发挥效果。

## 咨询师个人特质与疗法的结合

除了应对广义上的社会文化差异，咨询师个人特质与疗法的结合也至关重要。不同咨询师由于其性别、身份、个性和所处环境的不同，在使用同一种疗法时，可能会采取截然不同的方式，**而适合自己的方式需要咨询师在督导的指导下，通过临床工作实践出来。**

比如疗法型培训的讲师多以大学教授和主任医师为主，而他们在面对来访者时具有较高的社会地位和专业权威，因此来访者就容易对他们产生理想化的投射，而这会在相当程度上影响咨询室中的权力结构和咨访关系的动力特点。比如来访者最初可能会更倾向于认同高学术地位的咨询师在咨询中的安排，欣然接受并步步追随。

而当一位初出茅庐的新手咨询师面对来访者时，情况则大相径庭。咨询师不仅难以达到培训中的讲师的专业地位和背景，可能还比来访者年轻，那么来访者就更容易对咨询师持一种审慎的态度，甚至提出"我付钱、我做主，你得按照我想要的方式来服务"。

这时咨询师可能需要以一种从社会角度而言更符合自己身份背景的方式，向来访者介绍自己的干预理念和方式，取得来访者的认同，并在满足来访者初始期待的同时，循循善诱，逐步导入恰当的干预方式。

**咨询师这种对疗法的个性化操作，不仅能使咨询师在干预中更加顺畅，也会让来访者感觉咨询师更加真诚、真实，从而对咨访关系的建立产生积极影响。**

比如我的一位来访者曾经在咨询中提到，自己过去见过三位咨询师，但是每一位咨询师的态度和反馈都像一个模子里刻出来的一样，虽然三位咨询师都显得相当共情与接纳，但在来访者眼中却产生了一种恐怖谷效应，来访者感觉自己"压根不是在跟真人说话"，当然也难以建立起连接感和信任感。

无论接受何种培训，**咨询师都需要尽量避免对疗法生搬硬套、僵化地使用技术，而要根据文化、环境、自身特质、来访者偏好、咨询目标等种种要素随时调整。**

在临床积累篇中，我们还会进一步讨论咨询师在临床技能和临床专长方面的发展之路，而实践也才是检验培训成果的最终标准。

事实总是友好的。在任何一个领域，你所能得到的每一点证据，都会引导你最大限度地接近真实。

——卡尔·罗杰斯，
人本主义心理学创始人之一

04
第四章
CHAPTER

▼

# 自主学习

自主学习是咨询学习中很容易被忽视的部分，它在简历里看不出来，在面试里问不出来，但能够影响咨询师在临床上可以达到的深度和广度，并且切切实实反映在咨询师的临床气质中。

不止一位来访者曾经跟我说：有些事情他跟前一位咨询师从未说过。这并不是说前一位咨询师在临床上有什么明显的纰漏，但来访者就是感觉"这个咨询师应该不能理解""他／她可能会接不住"。

**没有任何一位咨询师会适合所有来访者。事实上，咨询师的言谈举止会向来访者展现自己在认知和情感上的深度和特质。**而来访者也会据此选择咨询师，并在有意无意间决定他们会建立怎样的关系，又会探讨哪些议题。

在这一章里，我会尝试简练地介绍咨询师可以如何通过自主学习发展这些无形的部分。要知道，自主学习是从咨询师进入咨询行业的第一天开始，贯穿其生涯始终的。

## 发展多元化视角及接纳差异的能力

咨询师的工作对象是人，因此多了解人有助于咨询师工作。这是一个再简单不过的道理，但"了解"人却有许多不同的角度。

在一般的心理咨询教育中，学习者更多是从微观、个体心理的角度去了解人：人的动机、需求、个性、功能，等等。但人不是孤立的存在，而存在于家庭、社区、社会、文化，以及各种各样的业缘、地缘团体，受到主流文化和丰富多彩的亚文化的影响，并且与其所处的社会环境时刻发生着互动。因此，除了个体心理属性，人还具有许多其他属性。

## 跳出个人文化和价值的舒适区

在咨询师的基础培训中有一门很重要的课，叫作多元文化基础。它的目的是向咨询师介绍人在社会文化层面的多元化和复杂性，并培养咨询师开放、灵活、包容的价值体系，为她们未来与多样化的人群工作，共情、理解和接纳他们的现实困境与感受做准备。

但正如所有基础培训课程一样，这门课只是入门的开始；探索、理解并真正接纳多样性与多元化，对于大多数习惯于一元化思维方式的人来说，常常需要更多、更长久的主动努力才能达成。

早年间网上有个俗语，叫作贫穷限制了我的想象力。事实上，所有人对于与自己背景、处境不同的人都缺乏想象力。只要跳出了个人文化和价值的舒适区，我们都可能立刻变成某种"文盲"。

▸ 穷人想象不出富人的生活方式，富人也想象不出穷人怎么过活。

▸ 教育水平高的人想象不出教育水平低的人怎么解决问题，教育水平低的人也想象不出教育水平高的人的思考方式。

▸ 潮汕、江浙、东北、云贵……中国地大物博，各个地区文化习俗都不同，很难想象彼此，最多也就能想想气温和特产。

▸ 视力障碍、听力障碍、肢体残障、认知学习障碍……这些人也许在勾勒我们所谓"正常人"的生活时会出现偏差，但自诩正常的我们能想象得出她们的世界吗？他们的世界显然不是"我们的世界减一个功能"这么简单。

▸ 连每日朝夕相对的异性伴侣，恐怕彼此之间也有诸多的不理解、不接纳，每个人都习惯按照自己性别的体验推测他人，容易想当然、刻板化地看待对方。

缺乏对于不同社会阶层、地域、性别、性取向、种族、年龄、健全程度、宗教信仰的人群的生活状况的了解，是咨询师在跨文化、跨阶层、跨社群工作时出现纰漏的主要原因之一，而扫盲是一个长期工程。多数咨询师可以通过多元文化课程和一些有针对性的培训对特定人群了解一二，但更具挑战性也更重要的是，**抱着开放的心态与不同的人群接触，并学习不带评判、尽可能多地了解他人的生活状况和内心感受。**

## 大量接触不同的文化和人群

咨询师接触到与自己背景不同的人群越多样、数量越多，就越有可能平心静气地接受文化的多元化、人的多样化，并潜移默化地发展出良好的应对不同文化和人群的能力。简单来说，相当程度上靠"见多识广"。

比如我曾在两个美国城市念书，一个是文化和人群组成非常多元的波士顿，另一个则是 80% 由白人中产组成的博尔德。虽然我在博尔德一起学咨询的同学们都接受了大量多元文化教育，但据我观察，他们的多元文化意识和能力远不如波士顿的一般学生。我想，这很大程度上是因为他们在现实生活中接触到的文化和人群过于单一，而书本知识和课堂讨论终归有其限度。

**有时，再多学术知识也不如亲身体验来得迅捷。** 当咨询师突破自己的舒适区，主动去了解更广泛多样的人群，走到对方身边去，尽一切可能突破由个人的身份背景及偏好造成的信息茧房<sup>⊖</sup>，她的多元文化能力自然会在不断地接触和暴露中提高。

一些可以考虑的活动包括：

▸ 参加针对不同人群的公益机构的科普和志愿活动（如性少数人群、单亲母亲、罕见病扶助组织）。

---

⊖ 信息茧房形容的是信息传播中受众只关注喜欢的内容，陷入相似信息的"回音室"，久而久之如同蚕一般作茧自缚。

- ▶ 结交与自己社会阶层、地域、性取向、年龄不同的朋友。
- ▶ 在网上关注身体和神经功能与自己不同的 UP 主（如截瘫人士或神经多样性者）。
- ▶ 直接搜索自己不熟悉人群的网上论坛并阅读参与（许多城市和社群都有自己的线上论坛和群组）。
- ▶ 参加不同社会阶层社区组织的社区活动（如非自己所在社区居委会的助残服老活动）。
- ▶ 参观有着不同宗教信仰的朋友的活动，询问他们遵守的戒律。
- ▶ 尝试学几句手语或盲文。
- ▶ 接触多样的亚文化活动（如二次元、极限运动等）。
- ▶ 尝试偶尔以远低于自己消费水平的方式旅行或购买服务。
- ▶ 刻意关注和阅读与自己三观相悖的内容推送。
- ▶ 探索异性的生活体验（如男性可以尝试用设备体验一次痛经）。
- ▶ 与祖辈交谈，浏览他们年轻时流行的书报和新闻。

…………

## 有意识地放下固有的判断和偏见

在尝试以上活动的过程中，咨询师也需要**有意识地注意到自己对这些文化和人群固有的判断和偏见，并尝试在交流了解中暂时放下它们**，否则活动就不会产生学习效果，而只是刻板印象的再强化。

比如我曾经听参加视障儿童志愿活动的人跟我分享，他的主要感想就是："这些小孩真可怜。"然而，孩子们最近在追什么明星，日常喜欢的活动是什么，最讨厌别人的反应是什么，他完全都没有了解到。那些孩子最终对他来说仍只是一个"可怜的客体"，而不是真实丰满、与他不同的生命。

对于那些不了解自己固有的判断和偏见，或不知如何主动拓展视角的人，也可以先从阅读和问卷测试开始。性别理论、社会阶层研究、地方民族志、亚文化研究等方面的书籍都可以帮助咨询师熟悉不同的视角，咨询师也可以去测一测自己的价值观和偏见（比如内隐联想测验、人生价值观测试、政治光谱测试等）。虽然这些测试并不能完全代表咨询师的实际状况，但能给咨询师提供一些探索思路。

性少数人群、低收入人群、罕见病患者、独身老人、精神病患家属、军队复员人员、监狱转归人员……在我们广袤的土地上，多元、独特人群数不胜数。

每个人群都有自己特殊的议题和困扰，但并不是每个人群都有专门为之设计的疗法和技术。**咨询师只能在了解这些人群的基础之上，灵活应变。咨询师对于社会和人群多元化的视角，以及对他人不同之处的承认和接纳，就是这一切的基础。**

## 自我觉察与自我反思

曾经有来访者跟我谈到他在学习中严重拖延的问题。

我说："你拖延的情况是不是这样？老师先留了一份作业，你想着明天才交呢，就开始玩手机。一开始你觉得手机特别好玩，但是随着时间越来越晚，玩的时候就感觉越来越有压力。最后你已经不觉得手机好玩了，但就是逼着自己在那儿玩，因为一旦停下来，你好像就得想起写作业这件事，直到你因为太累而昏睡过去，或者因为实在吓得不行而开始写作业。"

他说："对啊！你真的太懂我了！就是这样的！"

我跟他说，这不是"懂他"的问题，而是大多数人在拖延时的样子。我也是一样的。

## 人类的心理现象和过程是相似的

除了少数因神经多样性或者器质性病变而有所差异的心理过程和现象，**人类的绝大多数感受体验、防御机制、应激反应、调节过程在其基本面上都具有相似性。**

愤怒和恐惧总是跟肾上腺素有关；快乐常常不是来自内啡肽，就是来自多巴胺；焦虑和压力总让人心跳加速、血压升高。痛失所爱几乎总会带来悲伤和痛苦。每个人都曾经落入过思维陷阱，比如非黑即白、以偏概全地考虑问题，或者在某些时刻出现过灾难化、个人化、情绪化的念头。

人在日常生活中还会使用心理防御机制，暂时否认或隔离自己没准备好接受的现实，将自己在意和不认可的部分投射到他人身上，合理化在自己看来无法改变的负面体验，时过境迁后在其他人和某件事上找补未能满足的需求和内心缺憾。在受到压倒性的情绪和身体冲击时，人也会在短时间内出现僵直的身体状态，并需要以特定的方式让神经系统恢复到日常的功能水平。

可以说，**基本的心理现象和过程是大多数人类都有潜力去体验，并且很可能在生活中有过经验的。**差别在于当这些心理现象发生时，当事人是否有觉察，或事后是否能意识到；何种客观条件会激发当事人的特定心理过程，这种体验的强度有多高、持续时间有多长；以及当事人又有多习惯于应用或滥用某个心理过程，还是几乎不会有意识地去运用那个过程——绝大多数人都熟习了某些特定的心理过程，而对另一些完全缺少意识。

## 观察自己，有助于理解他人

人的具体生活经历虽然千变万化，但基本的心理现象和过程作为一种元存在，是每个人都可以有意识地在自己身上观察到，并在理解他人的过程中进行迁移参考的。因此，**自我觉察与自我反思经常是学习心理现象和过程最为直观的手段之一**。

比如上文中提到的我对拖延的理解，并没有任何一本书详细告诉我人类拖延的整个心理过程，但我完全可以通过观察自己拖延的过程，得知这个心理过程的惯常发生模式。虽然我和我的来访者拖延的原因可能完全不一样，拖延的程度也不相同，但真正拖延起来的时候，我们的心理体验和拖延的步骤差异却并不大，因为在更基本的层面，它们都依赖相似的生理心理基础。

所以，任何咨询师在任何阶段都可以采用的学习方式之一，便是持续观察自己的心理现象、反思自己的心理过程。这种观察和反思需要以不评判为出发点。我们每个人都有一些自己认可或不认可的心理现象，比如拖延很多人可能都不认可，而心流体验则广泛受到认可，但说到底，它们只是不同的心理现象而已。咨询师则要尽可能多地了解人类可能体验的心理现象，不论好恶。

正念练习对此经常有良好的效果，因为它训练的就是当事人不评判地觉察此时此地的自己的身心的能力；而这些在观察身心的过程中产生的结果，又会成为自我反思最可靠的素材。记住，自我反思需要建立在客观、现实、有着第一手数据的基础上，否则就容易沦为自我满足式的智力游戏。

觉察自己在有各种情绪时出现的念头、感受和行为，注意自己偏好与厌烦的行为和表达，发现自己在各种关系中的体验和反应，在一天结束之时记录当天自己能够回忆起来的心理过程……

虽然这种觉察、注意、发现和记录有时难免有点"事后"成分，但要记录的预期会促使我们在当下更多地觉察。并且在记录的同时，我们可能也会自然地去反思和总结其中的心理现象。

**自我觉察与自我反思也是咨询师发现个人议题的好方法，而且越早发现，咨询师就可以越早解决，扫清之后在执业发展中个人层面的障碍。**

没有人能够看到咨询师是否做了这部分的学习，又做到什么程度，但可以确定的是，在自我觉察与自我反思方面投入较多的咨询师，其对心理理论的理解程度、临床发展的速度和驾驭自身的能力相比同辈都更容易胜出一筹。

**能够将觉察与反思有机地融入自己生活的咨询师，也给来访者做出了良好的榜样。**当建议来访者去觉察与反思自己的时候，他可以理直气壮地说："我做到了这些，并且正在做，所以我知道，在生活中这么做确实是可行的，并且真的有帮助。"

## 第一章 咨询师的学习培训阶段

总结
与
回顾

- 心理咨询师的学习历程可以划分为基础培训、疗法培训和资深培训三个阶段，以及贯穿职业生涯始终的自主学习。

阶段一：基础培训

- 基础培训更多是教给学习者"什么是咨询"，即学习学科主体本身。从毕生发展心理学、认知神经科学、精神病理学、多元文化基础、心理学研究方法等多领域课程，帮助学习者建立起对心理科学的正确认识、对咨询领域的客观了解，以及对咨询工作本身的现实认知，以便在未来正确恰当地运用自己学到的疗法和技术。
- 一般而言，基础培训需要两年左右的时间，短的有一年结束的，长的则能达到三年。

阶段二：疗法培训

- 疗法培训教给学习者"如何做咨询"。学习者需要选择并深耕于某几个特定的流派、疗法、技术、议题，以理解来访者，做出恰当的干预，解决具体的临床问题。不论一开始选择了什么疗法或流派，对于以咨询实务作为未来发展方向的咨询师而言，都不能只学习一种疗法，而需要集中深入地学习其中的每种疗法，并不断地与自己同时进行的临床实践相结合。

- 在从业的前十年里，甚至更长的时间内（取决于当事人的临床积累和个人悟性），咨询师基本都是以疗法培训为学习的主轴。

### 阶段三：资深培训

- 资深培训中，咨询师面对一个更为进阶的主题：探索"如何做咨询师"，或者说"如何成为自己可以成为的那个咨询师"。尝试尽量多地看到咨询师存在与发展的可能性，接触其他在咨询师生涯发展上更为进阶、背景更为多样的资深咨询师，通过思想的碰撞、精神的共鸣和前辈的引导，探索出属于自己的独特道路。
- 在这个阶段，咨询师常常会被两类培训吸引：一类是由在临床上已有成就的咨询师开设的专题工作坊，这类工作坊基本都是小班面授，时长在 3 ～ 7 天不等；另一类是仅向成熟咨询师开放的特定疗法培训，其在设置上可能跟一般疗法培训差异不大，但通常会有一些异于主流疗法的过人之处，并且大多较一般疗法培训时长偏短。

### 阶段 ×：自主学习

- 阅读专业书或做临床练习只是咨询培训的一种延伸。咨询师真正需要自主学习的是咨询培训之外的内容，通常包括两方面：第一，了解社会与人群；第二，了解自身。

## 第二章　基础培训

- 基础培训是咨询师进入心理咨询领域的第一步，学习者在这个阶段只需要根据培训项目的安排完成课程及其他任务，其间的临床实习通常也相当短暂，其目的更多是提升学习者对咨询的直观理解，而非对临床能力的硬性考核。

调整学习视角

- 预先了解咨询师基础训练的课程体系及其设计目的，然后按图索骥，最大化自己的学习成果。

- 在基础心理学课程方面，学习者需要从个案概念化的角度去理解和总结课程内容，学习将课程内容应用并转化到自己的生活和临床工作中。只有经过了基于个人经验和独立思考的视角切换和信息转译过程，学习者学到的基础心理学知识才能在临床工作中真正"活过来"，成为支持其个案概念化与临床评估的专业资源。

- 在咨询方法课程方面，学习者需要尽可能避免对咨询实务过度简化的理解。无论想象中的咨询实务为何，学习者都要尽早放弃套公式做咨询的想法，并根据咨询工作对动态性、复杂性及对经验和人性的高要求，不断接受复杂训练，积累丰富经验。

- 在心理科学训练课程方面，学习者需要培养独立思考和继续学习的能力。在工作中既要看到临床实践的真实情况，也要了解学科研究的实时发展，判断不同理论疗法在临床上的实用性和必要性，还要根据具体工作需要，不断更新自己的专业知识，优化自己的能力结构。

- 在咨询执业课程方面，学习者需要建构起一个理解自己行业的框架，对行规和行业现状有清楚的认知。只有接纳行业与自身的现状，并在执业与实习课程中成功承受现实的第一次打击的学习者，才能为自己赢得走上成为咨询师之路的资格。

## 磨炼助人技术

- 咨询中的基本助人技术，要做到熟能生巧，巧能生精，从有意识地用力去做，到有意识地轻松去做，到无意识也能反应过来，到无意识仍能立刻做对……是需要花漫长的时间下功夫的。
- 助人技术的掌握不存在捷径，只有练习、练习、再练习。
- 助人技术的训练是一个长期过程，而基础培训阶段的练习只是一个开始。咨询师会在最初的练习中发现自己擅用哪些技术，又难以掌握哪些技术，然后，就要在自己的弱点上着重练习。
- 基本的技术是所有疗法的基石，学习者要尽可能避免在其中任意一个技术上出现重大短板。

## 驾驭咨访关系

- 咨访关系能力的学习，从咨询师进入实践的第一天开始，贯穿其职业生涯始终。
- 不同重点和深度的咨询工作，需要不同品质的咨访关系支撑。从某种角度上来说，咨询师能够驾驭的咨访关系越多样、越深入，能够进行的临床工作就越复杂多样。
- 咨访关系学习的核心是"体验"。只有亲身体验每一种关系，吸收并整合其精髓，咨询师才能更好地建立、维系和驾驭咨访关系。

- 学习咨访关系的方式：第一，督导下的临床实践；第二，个人体验。

## 第三章 疗法培训

- 在完成基础培训后，流派和疗法培训就成了咨询师学习的重点，并且只要咨询师长期学习和执业，早晚都会有专长的流派和疗法。

### 发现适合自己的流派

- 一个咨询流派是指在一定历史时期里，由一批思想倾向、学术主张、干预手法和临床风格相近的咨询师形成的派别。

- 如今的心理咨询方法逐渐多样化、科学化，每个流派都拥有自己看待世界的独特视角、处理问题的偏好和深入挖掘的技法，并且同一流派咨询师的性情、偏好、专长也会有相似之处。基于此，咨询师在选择流派时，其实是在选择一种视角、偏好及其衍生的技法。

- 咨询师只需要问自己两方面的问题，就可以大体匹配出适合的流派：第一，人为什么会改变；第二，怎样的人生是好的人生，怎样的生活是好的生活。

- 咨询师的答案必须来自他内心深处，这个答案不会因外界环境的变化而变化，很可能也不受他个人一时的偏好和意愿影响，而是他一直以来坚信的结果，并无形地渗透在他生活的方方面面。

## 选择合适的培训组合

- 培训内容大体可以分为四类：流派、疗法、技术、知识。绝大多数培训都是这其中一种或数种内容的组合，咨询师需要选择合适的培训组合，以使受训能够满足自己大多数的执业需要。

- 流派型培训：通过长期的沉浸和全面的体验，咨询师会习得一种看待世界的特定视角，而流派的个案概念化和临床干预则是将这个视角应用到临床中产生的结果。一个系统的流派型培训很少有短于两年的，前后持续三四年是常见情况，长达 8 ～ 10 年的也有。因此，咨询师在选择流派型培训前，最好在相当程度上确知自己与该流派的价值取向相吻合。

- 疗法型培训：基于一套针对特定临床表征的解决方案，让咨询师可以运用自己在疗法中学到的理论和技术，对相似的来访者进行成功干预。绝大多数疗法型培训的核心讲解内容时长在数个月，但实际的培训时长通常在两年左右，或者更长一些。其在操作方法上更具体，科研基础上更扎实，干预内容也更紧跟时代。

- 技术型培训：以某一个或一组特定的干预技术为核心，所有干预都是围绕着这些技术展开的。技术型培训没有流派背景，易学易用，但如果咨询师的受训全部都是技术型培训，就会造成个案理解碎片化，咨询干预缺乏整体性，此时就需要补充流派型或疗法型培训，使这类问题迎刃而解，让咨询师和来访者最大限度地享受到技术的高效和便利。

- 知识型培训：普及特定临床议题或人群的相关知识，扩大咨询师的知识面，避免咨询师因无知犯该类工作中的常见错误，并将咨询师的工作水准保持在底线之上。大多数知识型培训因其精练与专门两大优点，一般以小时计算培训时长。其培训内容通常也具有专业化、系统化的特点，并根据按需索取的选择准则，帮助咨询师拓宽临床视野、扩大发展领域。

### 应用与整合培训内容

- 在疗法培训阶段，练习和体验仍然是首要的、必不可少的，但咨询师结合现实对临床理念的批判性思考、对干预技法有意识地检验和调整，以及在这个过程中对个人临床风格和优劣势的反思和补足，都会在很大程度上影响咨询师的学习效果，并直接影响其临床水平的提升程度。
- 无论接受何种培训，咨询师都需要尽量避免对疗法生搬硬套、僵化地使用技术，而需要根据文化、环境、自身特质、来访者偏好、咨询目标等种种要素随时调整。

## 第四章　自主学习

- 自主学习是咨询学习中很容易被忽视的部分，但它能够影响咨询师在临床上可以达到的深度和广度，并且切切实实反映在咨询师的临床气质中。这对于咨询师和来访者之间建立怎样的关系、探讨哪些议题有着直接的影响。

## 发展多元化视角及接纳差异的能力

- 咨询师的工作对象是人，因此多了解人有助于咨询师工作，学习者可以从微观、个体心理的角度去了解人，包括了解人的动机、需求、个性、功能等；也可以从家庭、社区、社会、文化等其他属性加以了解。

- 对于跨文化、跨阶层、跨社群工作的咨询师来说，抱着开放的心态与不同的人群接触，并学习不带评判、尽可能多地了解他人的生活状况和内心感受，可以使其在不断接触和暴露中提高自己的多元文化能力。

- 在参与一些接触不同人群的活动中，咨询师也需要有意识地注意到自己对这些文化和人群固有的判断和偏见，并尝试在交流了解中暂时放下它们，承认与接纳他人，灵活应变。

## 自我觉察与自我反思

- 人的具体生活经历虽然千变万化，但基本的心理现象和过程作为一种元存在，是每个人都可以有意识地在自己身上观察到，并在理解他人的过程中进行迁移参考的。因此，自我觉察与自我反思经常是学习心理现象和过程最为直观的手段之一。

- 以不评判为出发点，持续观察自己的心理现象，反思自己的心理过程，不仅是任何咨询师在任何阶段都可以采用的学习方式，还是咨询师发现个人议题的好方法，越

早发现越早解决，以便扫清之后在执业发展中个人层面
的障碍。

- 在自我觉察与自我反思方面投入较多的咨询师，其对心
理理论的理解程度、临床发展的速度和驾驭自身的能力
相比同辈都更容易胜出一筹。能够将觉察与反思有机地
融入自己生活的咨询师，也给来访者做出了良好的榜样。

# 临床积累篇

千里之行，始于足下。

——《道德经》

05

第五章

CHAPTER

▼

# 咨询师的临床积累阶段

　　我的主督导是一位在助人领域工作超过 50 年，临床时数超过 40 000 个小时的资深咨询师，我经常赞叹于他犀利的视角、高超的干预和稳定的状态。

　　有一次督导结束后，我开玩笑地跟他说："你看，我有你这么厉害的督导，又这么努力，我能不能不做够 40 000 个小时就达到你的临床水平呢？"督导大笑，然后说："嗯，那你就做 39 999 个小时吧！"

　　**咨询师的临床积累从临床时数积累开始，与来访者工作 1 个小时，就积累 1 个小时的经验。这种积累毫无捷径可言，只能通过脚踏实地的实务工作实现。**临床时数很大程度上决定了咨询师临床水平的上限，而咨询师的临床表现、执业状态、发展方向也与其时数积累程度有直接关联。

因此，完成基础培训后，在督导下投入临床实践、积累有效临床时数，就是咨询师专业发展的不二重心，临床实务也毫无疑问是贯穿咨询师临床发展始终的核心组成部分。

## 基于临床时数的咨询师定位与发展

在这一章中，我会根据个人经验和观察，大体描绘出在10 000 小时内的不同时数积累阶段上，当咨询师临床发展相对顺利时，通常可以达到的水平和可能遇到的情况，也会尝试列举一些制约咨询师临床发展的常见因素。

这并不是一套经过质化分析验证的描述，而更多来自我对自身、同辈和受督的观察和反思，以及与业内前辈的讨论。并且为了讨论方便，文中对不同阶段的时数划分也相对简单与直观。

在实际工作中，咨询师的积累通常是循序渐进、螺旋向上的，而不是单纯台阶式的。因此，咨询师很可能发现自己既有一个阶段的特点，又有另一个阶段的端倪，或有时咨询的主观感觉会在两个阶段中间反复横跳。这些都是临床发展中的正常现象。

事实上，即使是临床时数较少的咨询师，也可能在某些时刻做出很高水平的干预，而临床时数较多的咨询师，也不会每次干预都高水平，毕竟临床积累再多也不可能把人变成神。但通常时数越少，高水平干预发生的概率就越低，而时数越多、临床发展越进阶，复杂精细的干预也就越倾向于成为一种临床上的常态。

尽管这个阶段描述有诸多不足之处，我仍希望这样一份大致的信息能够帮助处于不同发展阶段的咨询师去定位自己的状况，明确发展方向，并对自己的专业未来有所期待。（请注意：本文中我们所使用的是直接临床时，即咨询师实际与来访者进行临床工作的时长，而不包括其他辅助性事务所耗时间。）

## 夯实咨询基础：2000 小时以下

2000 小时以下的阶段，是咨询师临床学习曲线最为陡峭的阶段。

**在这个阶段，咨询师要从完全没有做过咨询的小白，发展到基本能够独立完成咨询，并能对来访者有一定帮助的专业咨询师**。咨询师要亲身经历、亲手实践自己在课堂上听到的绝大多数内容，并尽可能为自己未来漫长的临床发展打下坚实的基础。

顺利度过这个阶段至少需要 2 年，如果咨询师在个人或专业上有明显短板，或临床投入有限，还可能持续更长时间。

### 在临床上可能的经历和状况

▸ 经历自己临床上的多数"第一次"。

▸ 亲身体验基本的咨访关系，顺利的情况下可以学到大约 2 年的咨访关系情况。

▸ 实践所有学到过的基础咨询方法和技巧，并根据使用后的反馈快速调整。

▸ 能够独立完成基本的咨询，并为来访者提供相应的支持陪伴价值。

▸ 开始应用自己集中学习的第一个疗法，并基于其视角产生对临床的初步理解。

▸ 在督导的指导下，开始尝试一些进阶、复杂的干预。

▸ 能够形成初步的干预计划，但计划内容偏向照本宣科，且容易在干预中迷失方向。

▸ 在处理复杂问题上有运气成分，咨询中容易出现盲点（如因为处理来访者说的内容已经倾尽全力，所以很难注意到来访者没说什么）。

▸ 咨询师在咨询中处于"目前会什么就做什么，能想到什么就用什么"的状态，因此干预有效性很大程度上受到来访者与咨询师个人风格和所学技能是否匹配的影响。

▸ 逐渐发现自己作为咨询师的优劣势和风格特点，初步发展自己的职业身份认同。

## 临床发展的目标及定位

在我过去一些面向咨询学习者的执业讲座中，我发现很多初学者都把积累 2000 小时的时数想得相当容易，但事实上，咨询师的前 2000 小时是最难积累的，前 1000 小时更是难上加难。

这是由于在这个阶段咨询师能给来访者提供的价值相当有限，在业内也没有声誉，因此招募来访者很不容易。同时，由于临床不熟练，来访者在任何节点都可能轻易脱落。这就导致咨询师很容易出现缺少个案量的情况，而没有个案，就没有时数。

在这个阶段，**咨询师的首要目标就是想尽一切办法多接来访者、积累经验**，避免挑三拣四、眼高手低。如果能为有客户源的机构服务就去机构，如果自己能接到就自己接，只要在伦理允许的胜任力范围内，不要过度在意自己的临床偏好或者执业收入，就是去做。先把最苦的一两千小时做过去。

同时，**咨询师需要开始寻觅自己未来长期合作的督导。**这个阶段中，咨询师很大程度上依赖督导进行正确的个案概念化和设定有效的基本干预计划，因为咨询师自己可能难以识别一些临床表征，或很容易对个案的理解产生偏差。此外，咨询师也处于一个打磨基本咨询技术，学习基本咨访关系的过程中，因此需要督导在一般助人技术和咨访关系方面的指导，而督导还可以在一定程度上帮助咨询师规避执业中的常见风险，并在自己的胜任力范围内执业。

## 深入发展临床能力：2000 ～ 5000 小时

在夯实咨询基础之后，**咨询师正式开始深入发展其临床能力，并逐渐与新手咨询师拉开距离，临床能力可能会出现第一次质的飞跃。**随着工作经验的积累及其与生活的逐渐融合，咨询师开始品尝作为助人职业人士生活的喜怒哀乐，体验其中的乐趣，也遭遇其中的艰难险阻。

取决于咨询师的个案量，这个阶段可以从三四年延续到十几二十年的时间。

### 在临床上可能的经历和状况

▸ 能够独立完整地把咨询从头做到尾，并对多数来访者有基本的个案概念化。

▸ 逐渐熟练掌握自己常用的临床方法和技巧，对一些技术产生主观上的"手感"，能在一定程度上把握干预时的"轻重深浅"。

▸ 对咨访关系有更强的把握和"感觉"（比如有时会感觉到来访者何时脱落），顺利的情况下有些咨询师会学到第三四年的咨访关系情况。

▸ 能够基于经验为来访者制订在一定程度上有针对性、个性化的干预计划。

▸ 开始出现事后验证符合实际情况的临床直觉<sup>○</sup>（比如感觉到来访者说的不是真话）。

▸ 逐渐熟练掌握自己集中学习的第一个疗法，并对疗法和临床有更深入的理解。

▸ 可能开始学习第二个（甚至第三个）疗法，但不一定有足够临床经验支持掌握这些疗法。

▸ 逐渐熟悉自己作为咨询师的"自我"（self），并体验到其在咨询中的一些作用。

▸ 明确自己的基本临床倾向和风格，并开始发展自己的长项。

▸ 在一些来访者身上明确体验到咨询的有效性和自己工作的成功，开始产生较强的临床自信（但有时也会出现邓

---

○ 多数临床直觉在事后精细分析时可以找到明确线索，如来访者言语前后矛盾、特定的微表情、情绪和表达不一致等。所谓临床直觉，就是指在事情发生时咨询师不使用前台的注意力资源分析、判断并得出结论，而可以通过大脑在后台的无意识运作得出正确结论——这也是咨询师对一些临床表现及其含义熟练掌握的表现。

宁－克鲁格效应<sup>⊖</sup>）。

▸ 逐渐熟习临床思维，在督导提醒下可以主动从生活中习惯的思维模式切换到临床思维模式。

## 临床发展的目标及定位

在这个阶段，**咨询师与自己督导的合作很大程度上成为临床发展的核心**。因为在解决基本技能问题后，咨询师需要发展对个案更复杂、系统的理解，以及基于个案概念化进行更精准、全面的干预。虽然疗法培训也会传授这些内容，但具体实践则需要咨询师与督导打磨。

此时，模仿自己的督导也是一种比较常见的现象。因此，此阶段中咨询师的临床风格经常受到督导临床风格的明显影响。咨询师也会遇到很多在书本知识培训中未能涉及的现实临床问题，而督导会成为咨询师临床实践中的重要支点之一。

**这个阶段咨询师总体的发展目标仍然是多接来访者、积累经验，但临床反思的重要性会越来越高。**

咨询师需要开始在每一次咨询、每一个个案后思考：

▸ 到底是什么干预起了作用？是哪些因素导致了特定干预在特定时刻起作用？比如同样是干预焦虑，对一个来访者起作用的干预，对另一个为什么不起作用？

▸ 临床手册的模块和流程为什么这么设计？为什么不能换

---

⊖ 邓宁－克鲁格效应是指能力不足的人有时会因缺乏正确的自我评估能力，无法认识到自己的不足，导致高估自己能力的一种认知偏差现象。新手在积累了一定经验后较容易陷入这一陷阱，对咨询师而言，通常是在2000～5000小时的阶段，但少数人也可能发生在更早的时候。

一个顺序？

▶ 疗法为什么首先强调这个部分？换作其他部分为什么不
行？或者是不是也行？

…………

这些思考的成果正是咨询师对临床工作更深刻的理解，
也意味着更准确的干预能力。即使在说同一句话时，5000 小
时的咨询师也比 1000 小时的咨询师更清楚那句话的目的，并
能在整体上更好地传达那句话的临床意义。

如果之前咨询师还未以心理咨询为主业，在这个阶段通
常会将重心转向咨询行业，彻底认同咨询师的职业身份，开
始把握咨询师的生活节奏。即使是长期兼职、零散接案的咨
询师，也完全可以通过努力和积累达到这个程度。但再往前
发展时，非全职咨询师则容易被过长的战线和过于分散的精
力拖后腿。

## 走向复合型和专长化：5000 ～ 8000 小时

进入这个阶段时，咨询师大多都能熟练地根据自己专长
的疗法，对临床上常见的心理问题有理有据地进行系统干预。
同时，咨询师也会很明确地看到，自己的长项和熟悉的疗法
是有局限性的，而咨访关系的深度和临床工作的复杂性也是
超乎想象的。**以此为基础，咨询师会逐渐建立对临床工作和
自身胜任力更符合现实的认知和预期，并在这些方面继续
发展。**

这个阶段同样可以持续三四年到数十年，但因为能够进
入这个阶段的咨询师多是全职临床工作者，每周个案量都不

少，所以咨询师主观上不太会感觉这个阶段漫长，往往是正常工作着就完成了积累。

在临床上可能的经历和状况

▸ 能相对快地进行复杂辩证，找到干预的重点，并对干预难点有一定预期。

▸ 对擅长议题的干预有明确的框架和预期，并有相关临床经验佐证。

▸ 逐渐形成多阶段，且各阶段目标、方法不同的复杂临床计划，并能实施一些有前瞻性、策略性的干预。

▸ 对自己熟练的疗法的效果和局限性有基于经验的清晰认识。

▸ 开始拥有明确的临床专长，同时也明确相较之下的"临床不专长"。

▸ 逐渐体验到所使用的临床方法与生活的融合，有时能亲身验证所用疗法中的一些核心原理，并理解创始人在其中的考量。

▸ 如果在前一阶段没有学习第二种疗法（或子疗法），也会在这个阶段开始学习。

▸ 如果已经学习过多种临床方法，则会逐渐整合，使彼此之间不会混乱和有违和感。

▸ 能够一定程度上根据来访者的临床需要自然地调整自我表现（非表演性质），将其作为咨询工具之一，同时对咨访匹配的需求有所下降，在临床上具有更高的灵活性。

▸ 对咨访关系有清晰整体的把握，有可能了解到 5 年或以上咨访关系的情况。

▶ 对执业地区和人群的社会、文化、家庭传统等外部因
   素，以及临床干预的作用有一定基于实践经验的认识。

## 临床发展的目标及定位

在这个阶段，一方面，咨询师会**向复合型的方向发展**，开始出现跨疗法或者跨流派的学习，从不同角度补足自己之前疗法和技能结构上的不足。另一方面，咨询师也会**向专长化的方向发展**，基于过去的工作和个人经验，明确与自己疗法、经验、兴趣匹配的个人临床专长，并更深入地学习它们。

**在实际干预上，这个阶段的咨询师对督导的依赖在逐渐下降，并且会发现督导分享的方式不一定适合自己**（这常常是督导与咨询师在性别、教育背景、个性特点、表达习惯等方面不同所造成的）。

因此，咨询师会开始有意识地对他人提到的干预方式进行辨别和取舍，辨析个中原因，并发展出最符合自己特点的临床风格。但咨询师很大程度上仍然需要督导指出自己在理解和干预方面的盲点，进行自我反思和临床反思，以及在更复杂的个案处理方面提供支持和指导。

随着咨询师在专业上逐渐成熟，有时也会发现自己越来越孤独。越复合、越专业，咨询师就越独特，但彼此理解的同辈也就越少。早期与自己共同学习的其他学习者，可能都在不同的节点上逐渐"分道扬镳"，或是离开咨询行业，或是学习了其他疗法和专长。

这一方面意味着在与其他学习者讨论时，咨询师能够给

出独到的见解；另一方面也意味着咨询师逐渐发现，有时自己遇到的执业问题可能没有人能给出确切答案了。

## 成为"有治疗性的人"：8000 ～ 10 000 小时

这个阶段并非以 10 000 小时封顶，但鉴于我个人只做到 10 000 小时，还无法基于实践经验确认这个阶段大体会在怎样的时数结束，我们就暂且以"8000 ～ 10 000 小时"为一个节点。同时我相信，在这个阶段之上，一定还存在更进阶的阶段。绝大多数咨询师即使发展很快，也需要 10 年左右的时间才能进入这个阶段。

在这个阶段，咨询师在自己曾经投入过的疗法和技术方面日臻完善，对临床工作，以及工作中会出现的情况、看到的人性，也有了较之前阶段更现实与深刻的理解。咨询中共通因素（如关系、人）的作用会愈加凸显，而不同技法之间的差异则不再像之前看起来那么明显。**咨询师发展的优先级逐渐从"如何做有治疗性的事"向"如何成为有治疗性的人"方向转变。**

在临床上可能的经历和状况

- ▸ 临床判断更迅速、准确度更高，临床直觉和理性分析能更良好地整合。
- ▸ 可以更多关注到咨询过程中的"微操"问题，对干预的角度、程度和步调更细致、有分寸。
- ▸ 有自己明确的、基于临床实践经验的干预原则和方法论。
- ▸ 能够有一定创造性地进行复杂度较高的干预，有一些处理无明确解决方案或业内还未达成共识的复杂问题的成功经验。

- 熟悉执业地区和人群的社会、文化、家庭传统等外部因素在自己擅长的临床领域的影响，并能据此对临床计划和干预手法进行一定的调整。
- 基于现实经验的临床稳定性、耐心和接纳增加（如并非因为自己"应该"耐心而有耐心，而是基于经验了解临床变化的自然规律，因此不会产生着急的感觉）。
- 能够更安然地面对临床中的不确定性，同时面对越来越复杂难解的个案。
- 能够驾驭的咨访关系种类和来访者类型进一步扩大，同时明确自己的限度。
- 对临床抱有更开放、实际的态度，客观看待不同疗法的价值和局限。
- 了解心理咨询本身的可能性和局限性。

临床发展的目标及定位

8000 ~ 10 000 小时（包括 10 000 小时以上）的咨询师发展本质上是"人的发展"。在这个阶段，临床时数常常不再是最具有决定性的因素（毕竟 2000 小时和 4000 小时之间相差一倍，而 8000 小时和 10 000 小时之间只相差两成），培训经历仅能起参考作用（也没有什么理论、疗法是十几二十年都学不会的）。

相比之下，**咨询师本人的特质、经历、议题和倾向会逐渐成为对其临床实践和发展具有决定性的因素**。咨询师能够做多么多样化的工作，能够处理多么复杂的个案，又能在临床上深入到什么程度，很大程度上受到咨询师的个性特点的影响。

咨询师过去在自主学习和个人成长上的隐形投入，会随着漫长时间的积累逐渐结出果实。**自我强度、心理弹性、人格层面的灵活性、对自身和环境的觉察反思水平、对不同文化和价值的开放性，以及对人类体验本身在各个角度、状态、信道（channel）上的了解和接纳程度……这些个人内在的特质和能力，将在很大程度上决定咨询师的临床高度和未来走向。**

随着临床水平的提升，咨询师在实务中的主观经验通常都是"手上的个案越来越难"。虽然所有咨询师都会接到复杂困难的个案，但只有咨询师临床水平提升后，更难的个案才比较不容易脱落，咨询师也不需要转介出去，而复杂个案通常也会需要更久的咨询才能康复。

结果就是，咨询师发展越往后期，手上复杂个案的比例越高，工作压力越大，也越需要主动平衡工作和生活，以及探索咨询工作背后的深层意义。

在这个阶段，**咨询师与督导会逐渐进入一种同行合作的状态**。虽然督导显然仍比咨询师经验更丰富，但他们基本可以进行平等的临床探讨。

在超越这个阶段之后，通常就被认为不再必须要有临床督导了，但良好的个体督导仍然是咨询师未来发展的支持性因素。督导临床积累越丰富，咨询师能从督导处学到越多的内容。另外，如果咨询师希望向某些疗法、技术、议题深入，还可以求助有那方面专长的督导。

我们可能很难对这个阶段进行全面的总结，因为处于这个阶段的每位咨询师几乎都已经是行业内的资深人士，拥有自己独特的咨询理念和方法，以及自己对咨询工作和人性的理解。恐怕已经不再会有某位老师、某位前辈可以为她们指出一条明确的道路，每个人都需要独立探索自己未来的执业方向，并开创属于自己的实践之路了。

## 制约临床发展的常见因素

虽然本章中为了方便，以积累的临床时数作为分类讨论的参考标准，但这并不意味着积累了相应的临床时数，就等于拥有了相应的临床能力。

事实上，新手咨询师中间也常常存在一种迷思，即盲目相信临床时数的指示性，认为只要时数多就等于临床能力强，不管三七二十一，只要时数堆上去了，就默认临床能力提升了。然而，临床实践并不是网络游戏，不是打多少游戏中的怪物就升多少级。

在咨询师的临床发展中，也存在大量会给临床实务提升效果打折扣的因素。在个别极端案例中，临床能力相比积累时数打对折甚至"打骨折"都是有可能的。这些因素，也是咨询师在临床发展中不能不重视的部分。

### 临床工作内容受限

临床工作的内容是复杂多样的，咨询师只有实践过一种工作，才能提升相关能力。这有点像画画，画过丙烯画的才能掌握丙烯，画过水墨画的才能掌握水墨，虽然画画的基本相通，但实践中仍须分别锻炼。

以下工作情况会导致咨询师实践过的工作内容受限，自然也会影响其临床能力的全面提升：

- ▶ 咨询师工作的对象或主诉太单一，比如一直只处理同一个细分人群或同一种障碍。
- ▶ 咨询工作中被允许使用的方法或干预内容太有限，比如只许用一两种疗法、只能做短程咨询。
- ▶ 咨询师不能主导干预，比如咨询师不是干预团队的核心组成部分，或仅进行初筛或测评。

多数咨询师在执业初期为了寻求稳定，或多或少都会从事这类工作。在打磨基本功初期阶段，由于咨询师什么都不熟练，因此不论实践什么，对临床工作都很有帮助。但临床工作内容的局限很容易造成咨询师临床进阶发展的透明"天花板"，即会的已经会了，不会的也没机会接触。

**长期从事单一类型的临床工作也可能导致咨询师的临床技能基于其当下工作而高度特化**<sup>⊖</sup>。就像在大企业中的一枚螺丝钉，精益求精，但难以掌握业务线的全貌，而这种高度受限的经验也可能制约当事人对手头业务的理解，并造成职业发展的潜在瓶颈。

因此，在有条件的情况下，咨询师会寻求其他工作、兼职、私人执业等方式来补充临床经验。

## 缺乏相应的优质培训

由于目前国内咨询师行业的入口较宽，许多咨询师可能是通过不同的渠道进入咨询行业的。**这其中有一些咨询师可能没有接受过系统的基础培训，或者在接受了基础培训后，**

---

⊖ 特化是指物种为了适应某种独特的生活环境，形成过于发达的局部器官的一种特异适应。

**没有接受更进一步的疗法培训。**

缺少基础培训的咨询师由于缺乏对临床工作基本框架的理解，就像在没有基本功的情况下乱练，不仅练习效果不好，有时候还可能出现反效果，养成一些不好改的坏毛病。

缺少疗法培训的咨询师，则容易在进阶发展上遇到瓶颈。由于缺乏更深广的知识和技能以进行复杂的个案概念化和临床干预，他们可能会长期维持在临床发展的初级阶段，难以在专业上升堂入室。

## 缺少长期有效的个体督导

在执业早期，是否有长期、可靠的个体督导对咨询师临床发展的影响至少是半决定性的。由于咨询师对所有自己在培训中学到的内容在临床实践中的样貌都不甚清晰，就不能客观判断自己的干预是否恰当有效，因此需要借用督导的经验和判断，从而找准方向。即使在执业中期，咨询师也需要督导来拓宽自己的临床视野，发现自己的盲点。

我曾经见到过临床时数从 500 到 2000 小时间完全没有个体督导的咨询师，可以说她在 2000 小时的时候，临床上仍然没有达到 1000 小时的水平。在临床发展上，这是一种对时间和精力巨大的浪费，咨询师的每一个临床小时都是辛苦积累的，因为缺乏督导而没有进展实在太令人惋惜了。

当然，也存在一些一直接受督导，但由于督导本身临床经验或督导经验不足、双方不匹配等原因，造成咨询师虽然接受了督导，却没有获得足够的临床支持的情况。关于选择督导方面，我们在第七章中还会进行进一步的讨论。

## 个人议题受阻

人无完人，从某种角度来说，不存在没有个人议题的人，关键在于议题的大小轻重，所以咨询师或多或少都需要面对和解决自己的个人议题。

当咨询师的个人议题对临床工作产生的负面影响较大，解决得又不及时时，就会阻碍咨询师的临床发展。此时，咨询师轻则难以处理涉及个人议题的临床问题，重则彻底无法胜任咨询工作。我曾经见过比较极端的个人议题受阻的例子：咨询师上了一整个疗法培训，又多做了 1000 多小时，临床能力却没有明显长进。

好消息是，在个人议题受阻过程中积累的临床时数仍然具有相当大的价值。**有时候咨询师会发现，一旦个人议题解决，临床工作就好像突然"开窍"了**。这并不是单纯由个人体验解决带来的能力三级跳，而是咨询师过去积累的临床经验，在他突破个人议题后，终于水到渠成，自然地流入实务工作中，发挥其原本的效力了。

## 周个案量过少

所有咨询师都是从每周一两个、三五个来访者开始的，所以在咨询师执业早期，每周个位数的个案量并不造成问题——咨询师有太多要学的东西，他的精力几乎都花在了如何做好这几个来访者上。但是，**在执业中期，周个案量过少则会直接影响咨询师的进阶发展**。

这种影响首先与临床练习量不足有关。这就好像不少人都可以通过每周去滑两次冰，学会在冰面上自由潇洒地滑行，学得久、悟性好的可能还能做个小跳或转个圈。但如果不集中训练，练习者就无法掌握更复杂的动作（比如来个后外点冰四周跳），并保证自己在大多数时候动作发挥稳定。

其次，在这个阶段，个案量少常常意味着临床工作在咨询师的职业和生活中不占主要位置，那么咨询师投入的精力自然也就相对有限。有时为了保证自己的主要工作，咨询师可能会倾向于接与自己匹配度高、挑战度低的来访者，或因主要工作的性质难以提供长期稳定的咨询，而这都会使咨询师持续处在特定舒适区内，临床发展缺乏突破。

除了上述常见因素以外，还有许多其他的影响因素，比如个人悟性也可能影响临床发展进度。心理咨询说到底仍是一门学科，那么就像有人学数学学得快，有人学英语学得快一样，确实有些人学咨询比另一些人快一些，并容易出类拔萃一点。再比如，如果咨询师困于家庭或身体原因，确实没办法集中精力在临床学习上，那么临床发展自然也会慢些。

总的来说，临床时数是临床发展的必要条件，但不是充分条件。咨询师还需要在上述各个方面为自己的临床发展创造条件，才能在咨询之路上走得长远、深刻。

同时咨询师也需要意识到，极少有人是可以长期满足所有充分条件的，因此磕磕绊绊、兜兜转转也是临床发展上的常态。此时，**尽可能多地创造条件，同时清晰认识自己的不足，在有条件的情况下尽量抓住机会补足，是一种更为现实的临床发展态度。**

失败并不总是一个错误，它可能
只是一个人在那种情况下所能做得最
好的事情。真正的错误是停止尝试。

——伯尔赫斯·弗雷德里克·斯金纳，
新行为主义学习理论创始人

▼

# 初入临床：新手咨询师的
# 常见问题及发展之道

　　万事开头难，初入临床尤其难。心理咨询总体而言仍然是一种大家不那么熟悉的事物，很多学习者在作为咨询师第一次走进咨询室之前，既没有亲身经历过咨访关系，助人技巧也是半生不熟的，对咨询本身的理解更是停留在形成阶段。

　　这就导致新手咨询师在最初做咨询的时候很容易手忙脚乱，或者出现一些在他们回顾时看来像是低级错误的问题。但同时，在新手阶段，咨询师也拥有一些独一无二的条件，使她们可以学习一些在临床发展后期反而较难训练的能力。

　　在这一章里，我们会简单聊聊新手咨询师最常出现的一些问题，它们背后的常见原因，以及咨询师在其中可以学习与发展的内容。

# 避免教条主义

在与成熟咨询师和督导沟通时，他们谈到新手咨询师最常出现的问题就是生搬硬套。所有咨询培训的目的都是教给学习者如何做咨询，以及如何做咨询师；但由于学习者还没怎么经历实际的临床工作，经常会教条化地遵从学到的内容，导致实践中出现了僵化和偏差。

## 基本咨询原则的教条化

在督导、教学以及和同辈的沟通中，我听到、看到因教条化而实践不当的例子不胜枚举。学习者可能把"要尝试无条件地积极关注来访者"，当成类似于"要随时显得像个圣人"；也可能把"要共情、理解来访者的感受"，当成对来访者"无尊严、无底线的包容"，诸如此类。

事实上，**不论学习者学到了什么咨询原则，都应避免仅以自己听到、想到的为准，而应在临床实践与督导讨论中，逐渐了解它们的精髓，掌握在合适的时机、以恰当的方式传达给来访者。**

比如，很多学习者都听到过：咨询不是给建议。很多做基础培训的老师也会强调这一点，就是为了避免学习者急于给来访者解决问题，却忘记了共情和陪伴等基本助人内容。但当教条化地遵从时，学习者的临床工作就会出现问题。比如我曾见过一些受督，一听来访者要求他们给建议，就像触了电一样，竭尽所能地摆脱这个话题。

实际上，"不给建议"并不是金科玉律，是否给来访者建议，给什么程度、层面的建议，是取决于来访者的需求和自己使用的咨询干预的方法的。

比如对于功能低的来访者，我们可能会多给建议，帮对方先尽快维持生活水准；而对于功能高的来访者，我们尽量避免给建议，关注对方自身问题解决能力的提升。

我曾遇到一位高度焦虑的来访者，由于她完全不给我机会插话，但又一直向我要建议，我就给了她这样的建议："我建议你在我反馈的时候，稍微停一下，等我把话说完，怎么样？"这样的过程性建议改善了我们之间的沟通模式，效果也相当不错。

## 心理理论和干预手册的教条化

除了基本的咨询原则，一些心理理论和干预手册也非常容易被新手教条化。严格来说，这种情况比上一种情况可能更糟糕些。在上一种情况中，咨询师起码是希望对来访者表现得恰当的，但在后一种情况中，咨询师则可能完全抛开了来访者，仅是为了完成任务。

比如有些咨询师学了某些心理理论之后，就"暴力分析"来访者，即使来访者不认可也不肯罢休，一定要逼着来访者接受自己的理论与分析。真不知道是来访者需要这套解释，还是咨询师自己需要。

也有咨询师拿着一本干预手册，就带着来访者一节一节完全按照手册"刷题"，来访者想自我表达一下其他内容的机会都没有。此时，来访者好像成了咨询师手下的试验品，而不是一个活生生的人。

　　在最初学习一个理论或疗法时，咨询师都会有充满热情地想要实践所学的阶段，但这些实践不能以牺牲来访者为代价，咨询师在实践技法时也不能忘记助人的基本。更何况，**这些理论和手册是否适用于眼前的来访者，即使适用又应该如何应用，都是需要评估并调整的。**

　　实验环境和临床环境从初始设置开始就多有不同（比如来访者签的知情同意内容就颇有差异）；在一个文化语境中恰当的解释，并不一定能在另一个文化语境中全盘适用；即使干预手册建议使用特定技术，那也是这个技术"大概率"适用，而不是"总是""永远"适用。而这些都是咨询师可以在临床上通过辨析、选择、调整、修正，对来访者做出独特贡献的部分。

　　把理论和手册当成一种具有指导性的"参考意见"，首先从"意见"的角度尝试，其次看到来访者与"意见"描述或出发点不同的地方，持续追踪来访者的表现和对干预的反馈，并结合实际情况随时调整。这不仅能避免教条主义，也能帮助咨询师遵守咨询的伦理和原则，为来访者提供他最需要的支持。

## 应对新手焦虑

　　几乎所有新手咨询师都会有一定程度的新手焦虑。

　　事实上，**咨询师生搬硬套的其中一个原因，就是太过焦虑，或者说越焦虑的咨询师，越想要抓住点什么**，比如那些课上听到的某些方法或技术，但这样做只会使他们使用得越僵化。

焦虑会造成称为管状视觉<sup>⊖</sup>的心理现象，导致咨询师的觉察范围变窄，过度关注眼前某些需要处理或有问题的细节，没有足够精力去注意来访者，丧失与来访者基本联结和共情的能力。于是，咨询就容易出现偏差，而咨询师又会因此变得慌张，愈加处在一种需要立刻做点什么让自己感觉好、抓住点什么以确定自己做得对的应激状态下，注意不到来访者的表现和需要，从而造成恶性循环。结果，原本有的临床能力也没有发挥出来。

## 新手焦虑的形成原因

### 害怕犯错

有多种原因可能造成新手焦虑，对于国内的咨询师来说，首要原因大概就是害怕犯错。东亚文化中，人们对于犯错的恐惧可能是刻在骨子里的，在许多人接受的成长教育中，是

---

⊖ 管状视觉（tunnel vision）指过分聚焦于眼前某些需要处理或有问题的细节，而丧失全局观的一种心理现象。与日常我们所说的"钻牛角尖"有近似之处。

把人行为上的对错和人本质上的好坏画等号的。一个人如果做了对的事，就是好人，做了错的事，就是坏人；做对的题多，就是好学生，做错的题多，就是坏学生。

就好像好学生等于好人，坏学生则里外不是人。我的一些受督在自认为犯错的时候，俨然就感觉自己整个人都"坏掉了"。这实在是太大的心理压力，恐怕任谁都很难承受。

但实务学习中有相当一部分是纯粹的试错学习，**咨询师只有试过不行，才能更好地掌握怎样做行，如果不敢试，就没法学**。

对于这样的咨询师，我经常拿自己本科时的学习经历举例类比：我在本科学过大量编程，而编程圈里有个"梗"，就是每个初学者写的前一万行代码都是"垃圾代码"。也就是说，一个人不可能一上手就完美，总要有个"垃圾"的过程，甚至可以说不"垃圾"几回都不真实。

咨询师需要意识到他不可能一点问题都不出，甚至是非做出点纰漏来不可，但只要他确实在认真做，也与督导亲密合作，那么这些问题就会成为他学习的助推器，而非绊脚石，并且能避免对来访者造成伤害。

主动与督导讨论自己怀疑有问题的地方，一方面可以尽快调整，另一方面可能有时会发现，自己以为的问题压根不是问题，而是自己对咨询理解有误——本来就应该是这样的。

### 不恰当的自我期待

试错学习的思维方式还可以在一定程度上解决另一个形成新手焦虑的原因，即不恰当的自我期待。

　　有些时候咨询师期待自己都做对，也有些时候，咨询师可能期待自己能够立刻给来访者解决问题，或者符合某种全知全能的老师形象（写作"老师"，读作"shén xiān"）。

　　这在相当程度上是咨询师对咨询工作本身的理解有误造成的，但常常也存在咨询师对来访者不切实际期待的投射性认同。

　　**在督导的帮助下，识别出自己对咨询工作理解的偏差，以及自己所认同的来访者的期待，常常能很大程度上减少这种焦虑。**

　　如果识别后仍然难以面对，那么很多时候可能就与个人议题的关系更大了。在日常生活中高焦虑、低自尊、缺乏自我认同和价值感，或者在原生家庭中存在犯错与期待有关的议题的咨询师，经常会体验到比同辈高得多的新手焦虑。这种新手焦虑并非一种惩罚，而是执业道路上的提醒：解决这个个人问题，你才能走得更远。

## 训练与不确定性共处的能力

　　在更广义上，通过体验新手焦虑，咨询师其实在逐渐训练一种对于她未来整个咨询和执业都至关重要的能力，即与不确定性共处的能力。

　　咨询师不确定来访者的背景，不确定来访者下次会说什么，不确定来访者这次欲言又止的是什么，甚至也不能完全确定，来访者能不能理解、接受咨询师此刻说的这句话——即便咨询师认为能，但是只有来访者的反馈才能确认这一点，在此之前，总无法确定。如果咨询师为了自己安心而企图在事情自然确定之前控制它，几乎总是会给咨询和执业带来潜在的负面影响。

　　**缺乏经验的新手实际上拥有训练对不确定性耐受能力的最佳条件**。一旦熟悉了咨询，咨询师总会掌握一些经验，不仅对临床有更加确定的预期，还能通过执业干预方式的安排或对来访者的选择，抵御这种不确定性，阻断未知出现的机会。然而，新手咨询师缺乏这些经验，只能被迫与未知共处，跟不确定性死磕。当然，有时候"赶鸭子上架"也未必不是一个好机会。利用这种经历磨炼自己对未知和不确定性的耐受能力和应对能力，逐渐巩固咨询师未来长久发展之本。

## 发现咨询中的"我"

　　每个人都是独一无二的。即使学习同样的流派和疗法，与同一位督导工作，选择同样的临床专长，但当每个人的家庭背景、教育经历、社会经验、个性特点、气质天赋等组合起来时，也仍然是独一无二的。也就是说，每位咨询师都是独一无二的，拥有独一无二的作为咨询师的"自我"。

### 深入的咨询工作离不开对自我的运用

　　"Self as Instrument"，中文有时翻译成"运用自我""自我作为一种治疗工具"或"对自我的治疗性应用"，大体指咨询师使用"自我"进行的临床工作。

　　这是一个有些抽象的概念。具体来说，它可以涉及许多咨询技法和活动，包括：通过反移情来解读来访者的移情，并与来访者就此沟通；通过咨询师自己的躯体感受，识别来访者的情绪感受和强度；暂时满足来访者的部分理想化投射，以来访者能接受的咨询师的自我状态，完成对来访者的有限再养育工作；甚至与来访者以"我与你"（I-Thou）的方式为基础，即咨询师以此时此刻全然真实的"我"与来访者的"我"相联结。除此之外，还有更多，更多。

**深入的咨询工作离不开咨询师对自我的运用，而咨询师学习和实践的一个主要组成部分，就是学习了解和应用自己的自我。**每个人的自我都是不同的，因此每位咨询师要学的、会学到的以及在临床中能够使用的，也会是不同的"我"、不同的治疗工具。这也是为什么即使是同一个技术，不同人使用时给人的感觉可以完全不同。

事实上，"instrument"这个词在英文中也有"乐器"的意思，所以我们其实可以把咨询师的自我当作一件"乐器"来辅助理解，即临床疗法和干预计划是心理咨询的乐谱，而实际演奏这些乐谱的则是"咨询师的自我"这件乐器。

即使是同样的谱面，不同的乐器演奏出来效果也绝不可能相同，就像《祝你生日快乐》是用钢琴还是用唢呐演奏出来，听众的体验必然大相径庭。因此，咨询师要做的，就是不断发现自己的自我是怎样的乐器，并在临床工作中善加应用，以奏出和谐优美、满足来访者需要的疗愈乐章。

## 运用自我的第一步是了解自我

**运用自我的第一步是了解自我，即咨询师至少得知道乐器长什么样，有哪些功能，才谈得上拿来用。**

这是我们在第四章中讨论自我觉察与自我反思的原因，但当时我们讨论的更多是学习者在日常生活中对自己的觉察与反思，而在这里我们则更多强调咨询师在咨询中和咨询后对自己的觉察与反思。

以下是一些可以考虑觉察与反思的方面：

▶ 我擅用哪些技术，而不擅用哪些技术，对哪些技术有抵触情绪？

▶ 我在讨论内容涉及哪些方面时会转移话题？

▶ 我在哪些情况下会着急和烦躁？之后我通常会做什么？

▶ 我喜欢来访者的哪些情绪表现，不喜欢哪些？

▶ 我习惯于在哪个层面与来访者工作（认知、情绪、身体等）？

▶ 来访者的哪些表现会使我感到困倦？

▶ 当我做出正确的临床决定时，我有什么样的身体感受？

▶ 我建立的咨访关系通常具有哪些特点？

▶ 我的来访者通常如何看待我，为什么？

▶ 哪些来访者会使我更热忱地投入，哪些则会被我忘在脑后？

▶ 每周多少个案量是我可以承受的极限？

…………

关于咨询师的自我，当然还有更多更广泛的方面可以觉察和探讨，而每位咨询师随着自己所觉察与反思到的内容不同，可能也会对这个自我进行不同应用和调整。

作为咨询师，了解和学习运用自我是一个漫长的过程。从以上这些方面开始，并且在咨询结束后记录下自己当时和之后产生的身心反应，日积月累，咨询师就会逐渐掌握自己手中这件独一无二的治疗利器。

## 对自我的看法会决定未来的方向

咨询师对自我的看法、从自我中学到的，也会决定她的流派取向和工作方式。

比如心理动力流派注重"我"的结构，完形体验流派注重"我"的过程，而正念疗法则干脆认为"我"是没有所属的自然现象……你观察到的自我是什么样的呢？它是一个结构、一个过程、一个自然现象，还是别的什么呢？比如一种社会存在？

观察和学习这个自我，形成对自我的看法，会帮助你决定自己未来的专业发展方向。

经验是一位特级教师，即使它
不是我们自己的。

——吉娜·格林利，畅销书作家

<br /><br />

07
第七章
CHAPTER

▼

# 临床督导：成长中最重要的支持者

在咨询师的专业发展中，临床督导具有举足轻重的位置。**如果说，有一个人可以全面地支持咨询师的专业成长，那么这个人一定是他的个体督导。**

可以说，在接受了恰当的培训之后，咨询师接下来的全部临床发展都是在与督导（尤其是个体督导）的合作中完成的。在执业的前十年，甚至更长的时间里，督导都是咨询师不可或缺的组成部分；而大多数优秀的咨询师的成长经历中，也必然存在一位或数位优秀督导的帮助与支持。

临床督导的重要性与其扮演的角色和在受督临床发展中起到的综合性作用有关。优秀的临床督导不仅会在个案理解和操作实践上指导咨询师，还会协助咨询师打磨临床技巧、处理与临床相关的棘手客观状况和主观情绪，以及发现自己作为咨询师的自我。此外，有经验的督导能够根据受督的特点，为其未来发展提供有参考性的建议和方向。在有条件的情况下，督导也一定程度上承担着帮受督守住临床伦理界限，给咨询行业守住入行边界的责任。

同时，临床督导又是一个相当奇妙的角色。正如咨访关系，心理咨询中的督导关系也是一种在过去的中国文化中几乎不存在的关系模式。相比许多新手咨询师脑中"一日为师，终身为父"的"师傅"，**临床督导其实比较接近于"前辈""向导""守门人"的混合体**——她有时亲切支持，有时严正评判，时而给予师长的指导，时而又像同辈般讨论，既要在临床上就事论事，又会与受督讨论移情与感受。

许多咨询师一开始经常把握不住督导关系的模式和与督导合作的方式，导致在督导中出现很多问题。

在这章里，我会从选择恰当的督导形式和适合自己的督导开始，与大家讨论与督导有效合作以促进临床发展的方式。

## 选择恰当的督导形式

选择恰当的督导形式是进入临床督导时，咨询师需要考虑的第一个问题。不同的督导形式所提供的临床支持截然不同，也适合处于不同临床发展阶段的咨询师。

在这一节中，我们会列出较为常见的督导形式，以及每一种督导形式的优势和劣势。

## 个体督导<sup>⊖</sup>

**长期稳定的一对一个体督导是临床督导中最基本的形式，是所有督导形式中对咨询师专业发展支持最全面、扎实的一种形式，也是咨询师专业发展中不可或缺的一环。**

相较于其他所有的督导形式，个体督导在专业发展与临床支持方面是最具综合性、最全方位的：

- ▶ 由于督导持久、时间充裕，个体督导和受督可以充分、详细地讨论临床干预的各个方面，并且为中长程个案提供连续、追踪式的督导，帮助受督深入发展和打磨自己的临床技能。
- ▶ 由于个体督导对受督的个性特点和临床风格很了解，不仅在临床培养上能够因材施教、循序渐进，在具体个案的干预上，通常还能给出相对而言更符合受督特质、更有针对性的建议。
- ▶ 基于双方的长期合作，个体督导与受督会建立起稳定的督导关系，这会使咨询中反移情和个人议题的讨论变得更加容易且有效。
- ▶ 个体督导也是唯一能帮助受督有针对性地发展其"咨询师自我"的专业人员，而且督导能基于长期观察，给受督提供一定的专业发展建议。
- ▶ 在受督遇到临床危机时，可以第一时间联系个体督导，

---

⊖ 除一般的长程个体督导之外，许多疗法型培训也会要求受督接受该疗法的个体督导。在这种情况下，个体督导一般是有固定次数要求的，并且督导的主要工作会聚焦于受督学习和应用特定的疗法，而在其他方面仅做有限延展。当然，在结束疗法规定的督导后，如果受督选择与督导继续工作，双方建立了长期的督导关系，则与一般的个体督导没有差异了。

既解决具体问题，又缓解情绪压力。

由于个体督导对受督的情况是如此了解，因此在国外咨询师的临床时数通常是由个体督导签署的。当然，为了达到这种了解程度，双方的工作频率不可能低、时长也不可能短。**通常在个案量饱和时，个体督导至少要隔周见一次，最好一周一次，长程个体督导短的也要见二三十次，长的可达数年。**我个人合作时间最长的督导，断断续续合作了约十年。

当然，个体督导这种督导形式也存在一些劣势：

▶ 好督导不但难找，而且价格昂贵，由于频次又不能少，财务开销就大。

▶ 只能讨论自己的个案，临床视角受到限制，没个案就没有讨论。

总体来说，个体督导所提供的服务及其在临床发展上的重要性是压倒性的，所以如果咨询师只有一位督导，通常都是个体督导。当然，业内也存在解决个体督导劣势，并一定程度上具有其优势的督导形式，那就是小组督导。

## 小组督导

小组督导有时候也被称为"一对多的个体督导"，通常是一对一个体督导的一种替代形式。**咨询师采取这种形式多是因为督导资源或财务资源不足。**

咨询师同样可以进行一定程度上丰富的临床讨论，而且获得持续、个性化的个案指导。

相比纯粹的个体督导，小组督导除了具有个体督导所拥有的这些优势，对于新手咨询师而言，还有一些个体督导不

具备的优势:

- ▸ 新手咨询师能听到其他咨询师的个案,并且能够比较有参与感地进行讨论,拓宽临床视野。
- ▸ 很多新手咨询师在临床上出现的问题具有相似性,因此咨询师也可以通过了解同辈出现的问题审视自身,有则改之,无则加勉。
- ▸ 多人分摊费用意味着每个人实际上都通过组团雇用了比自己原本能支付的水平更高的督导,他们接受督导的频率也可能增加,尤其对于新手咨询师性价比颇高。

但同时,小组督导的劣势也非常明显:

- ▸ 由于人数多、时间紧,个案讨论的深入度有限,督导很难在细节上纠正咨询师的一些操作,因材施教的条件也很有限。
- ▸ 当涉及个人议题、反移情、咨询师自我等方面,由于有第三者、第四者在场,督导和咨询师的讨论常常只方便点到为止。
- ▸ 各组员的临床发展水平必须相近,且所有组员宜人性都要相对高,否则就会出现复杂的团体动力,影响临床督导本身的进程。

小组督导与个体督导有相似性,因此在一定时间内,可以在咨询师经验较少或业务量不足的阶段作为个体督导的一种替代或补充方案。但在长期上,咨询师仍需要能够与自己一对一工作的督导。

另外,即使是一对多,**小组督导的受督通常也不能超过三人,多数时候以两人为宜**。如果超过三个人,情况就逐渐向团体督导发展了。

## 团体督导

团体督导和团体咨询存在一些潜在联系，因此**其规模最好不超过团体咨询单个咨询师适宜领导的规模，基本也就是8～12人**。有时再少或再多点也可以。一般而言，人数越少，其形式越接近小组督导；而人数越多，其形式则接近于研讨会（seminar）或案例会（case conference）。

团体督导与个体督导的优劣势基本上是反过来的，凡是个体督导能提供的，团体督导就不太行；反之，团体督导的优势，个体督导基本也都没有。团体督导的优势包括：

▸ 由于多人分摊督导时间，价格相对便宜。

▸ 能够听到各种各样的个案，并获得不同角度的个案反馈，拓宽临床视野。

▸ 通过与其他咨询师沟通交流获得心理和职业上的支持感。

团体督导的劣势也非常突出：

▸ 人多嘴杂，有时临床讨论天南地北。

▸ 每个个案都只报一次，常常浅尝辄止，没有后续。

▸ 临床建议通常更多是参考性的，而非针对性的。

▸ 督导在督导时间外对受督没有支持。

总体而言，团体督导是一种支持性、参考性的临床活动。如果咨询师只有一位督导，那么显然得是个体督导。但如果有额外条件，团体督导和个体督导配合，各自取长补短，当然是咨询师最理想的督导组合。

## 同辈督导

同辈督导也是咨询师之间较为流行的一种督导形式，这种督导形式通常是几位临床水平相似的咨询师定期聚会，然后讨论彼此的个案，并给出临床参考意见。

这种形式具有团体督导的绝大多数优点，而且免费，虽然并不能计入正式的督导时数，但还是很受业内人士欢迎的。我本人也在不同时期参加过数个同辈督导团体，它们对我的临床帮助很大。

不过同辈督导也存在一个不为人熟知的缺点，就是"门槛高"。**同辈督导有效的前提条件是：所有参加成员都已经达到了可以成为督导的临床水平。**同辈督导中有时会出现几个人对着一个个案讨论得热火朝天，但方向从一开始就彻底错了的情况——这种情况通常在达到督导水平的人身上出现的概率很低，在初级咨询师中却比比皆是。

因此，同辈督导基本上不适合新手咨询师，而比较适合临床时数至少在 2000 小时以上，最好是 5000 小时以上的咨询师。此时，每个咨询师可能都已经开始发展自己的专长，并有了一定建树，那么不同专长之间的相互借鉴就会给彼此带来很大收获。而当参与者临床经验不足时，同辈督导就实质而言则可能更接近于同辈支持，即几位水平相近的咨询师通过组成团体的方式在心理和社群层面彼此支持、相互温暖。

## 个案咨商<sup>⊖</sup>

个案咨商（case consultation）是指咨询师就特定个案向

---

⊖ 目前 counseling 和 consultation 大多都被翻译成"咨询"，但它们是两种完全不同的服务。counseling 是包含关系性、情感性的交流，而consultation 则是纯粹信息性的交流，比较类似于我们去找律师或会计师咨询问题。两种工作架构完全不同，两个词翻译却一样，其实在实际工作中已经造成了很多问题，所以在这本书里，我想要尽量避免用同一个词，为了区别就将 consultation 译为"咨商"。

CMP BOOKS

打开心世界·遇见新自己

华章分社心理学书目

机械工业出版社
CHINA MACHINE PRESS

## 刻意练习
### 如何从新手到大师

[美] 安德斯·艾利克森
罗伯特·普尔 著

王正林 译

* 成为任何领域杰出人物的黄金法则

## 学会提问
### (原书第 12 版)

[美] 尼尔·布朗
斯图尔特·基利 著

许蔚翰 吴礼敬 译

* 批判性思维领域"圣经"

## 内在动机
### 自主掌控人生的力量

[美] 爱德华·L.德西
理查德·弗拉斯特 著

王正林 译

* 如何才能永远带着乐趣和好奇心学习、工作和生活？你是否常在父母期望、社会压力和自己真正喜欢的生活之间挣扎？自我决定论创始人德西带你颠覆传统激励方式，活出真正自我

## 聪明却混乱的孩子
### 利用"执行技能训练"升孩子学习力和专注力

[美] 佩格·道森
理查德·奎尔 著

王正林 译

* 为 4~13 岁孩子量身定制的"执行技能训练"计划，全面提升孩子的学习力和专注力

## 自驱型成长
### 如何科学有效地培养孩子的自律

[美] 威廉·斯蒂克斯鲁德
奈德·约翰逊 著

叶壮 译

* 当代父母必备的科学教养参考书

## 父母的语言
### 3000 万词汇塑造更强大学习型大脑

[美] 达娜·萨斯金德
贝丝·萨斯金德
莱斯利·勒万特－萨斯金德 著

任忆 译

* 父母的语言是最好的教育资源

## 十分钟冥想

[英] 安迪·普迪科姆 著

王俊兰 王彦又 译

* 比尔·盖茨的冥想入门书

## 批判性思维
### (原书第 12 版)

[美] 布鲁克·诺埃尔·摩尔
理查德·帕克 著

朱素梅 译

* 备受全球大学生欢迎的思维训练教科书，更新至 12 版，教你如何正确思考与决策，开"21 种思维谬误"，语言通俗、生动，判性思维领域经典之作

## 叔本华的治疗

[美] 欧文·D. 亚隆 著

张蕾 译

- 欧文·D.亚隆深具影响力并被广泛传播的心理治疗小说,书中对团体治疗的完整再现令人震撼,又巧妙地与存在主义哲学家叔本华的一生际遇交织。任何一个对哲学、心理治疗和生命意义的探求感兴趣的人,都将为这本引人入胜的书所吸引

## 诊疗椅上的谎言

[美] 欧文·D. 亚隆 著

鲁宓 译

- 亚隆流传最广的经典长篇心理小说。人都是天使和魔鬼的结合体,当来访者满怀谎言走向诊疗椅,结局,将大大出乎每个人的意料

## 部分心理学
(原书第 2 版)

[美] 理查德·C. 施瓦茨 著
玛莎·斯威齐

张梦洁 译

- IFS 创始人权威著作
- 《头脑特工队》理论原型
- 揭示人类不可思议的内心世界
- 发掘我们脆弱但惊人的内在力量

## 这一生为何而来
海灵格自传·访谈录

[德] 伯特·海灵格
嘉碧丽·谭·荷佛 著

黄应东 乐竞文 译
张瑶瑶 审校

- 家庭系统排列治疗大师海灵格生前亲自授权传记,全面了解海灵格本人和其思想的必读著作

## 心理咨询不是你想的那样

[美] 詹姆斯·F.T. 布根塔尔 著

王光伟 王甜 董晓苏 译

- 存在 – 人本主义心理学大师布根塔尔经典之作
- 近 50 年心理治疗经验倾囊相授

## 心理治疗的精进

[美] 詹姆斯·F.T. 布根塔尔 著

吴张彰 李迎烨 译
杨立华 审校

- 存在 – 人本主义心理学大师布根塔尔经典之作
- 近 50 年心理治疗经验倾囊相授,帮助心理治疗师拓展自己的能力、实现技术上的精进,引领来访者解决生活中的难题

### 拥抱你的抑郁情绪
#### 自我疗愈的九大正念技巧
#### （原书第 2 版）

[美] 柯克·D.斯特罗萨尔 著
帕特里夏·J.罗宾逊

徐守森 宗焱 祝卓宏 等译

你正与抑郁情绪做斗争吗？本书从接纳承诺疗法（ACT）、正念、自我关怀、积极心理学、神经科学视角重新解读抑郁，帮助你创造积极新生活。美国行为和认知疗法协会推荐图书

### 穿越抑郁的正念之道

[英] 马克·威廉姆斯
[英] 约翰·蒂斯代尔
[加] 辛德尔·西格尔 著
[美] 乔·卡巴金

童慧琦 张娜 译

- 正念认知疗法，融合了东方禅修冥想传统和现代认知疗法的精髓，不但简单易行，适合自助，其改善抑郁情绪的有效性也获得了科学证明

### 正念
#### 此刻是一枝花

[美] 乔·卡巴金 著

王俊兰 译

正念减压之父卡巴金的代表作。出版 30 年来，改变了无数人的生活

谷歌、宝洁、英特尔、摩根大通等公司都在用正念减压改善员工身心状态

### ACT 就这么简单
#### 接纳承诺疗法简明实操
#### 手册（原书第 2 版）

[澳] 路斯·哈里斯 著

王静 曹慧 祝卓宏 译

- 最佳 ACT 入门书
- ACT 创始人史蒂文·海斯推荐
- 国内 ACT 领航人、中国科学院心理研究所祝卓宏教授翻译并推荐

### 幸福的陷阱

[澳] 路斯·哈里斯 著

邓竹箐 祝卓宏 译

- 美国亚马逊畅销书，全球销量超过 100 万册
- 豆瓣评分 8.6 分，700 多人评价
- 从根源上转变应对痛苦想法和情绪的方式，真正走向幸福

### 生活的陷阱
#### 如何应对人生中的至暗时刻

[澳] 路斯·哈里斯 著

邓竹箐 译

- 百万级畅销书《幸福的陷阱》作者哈里斯博士作品
- 我们并不是等风暴平息才开启生活，而是本就一直生活在风暴中。本书将告诉你如何跳出生活的陷阱，带着生活赐予我们的宝藏勇敢前行

## 探寻记忆的踪迹
### 大脑、心灵与往事

[美] 丹尼尔·夏克特 著
张梦洁 译

- 荣获美国心理学会威廉·詹姆斯图书奖
- 哈佛大学心理学特殊荣誉教授丹尼尔·夏克特经典著作
- 展示人类记忆的图景，揭开记忆的神秘面纱

## 艺术与心理学
### 我们如何欣赏艺术，艺如何影响我们

[美] 埃伦·温纳 著
王培 译

- 艺术心理学前沿科普，搭起连通艺术与科学桥梁，解答你关于艺术的种种疑惑

## 友者生存
### 与人为善的进化力量

[美] 布赖恩·黑尔
瓦妮莎·伍兹 著
喻柏雅 译

- 一个有力的进化新假说，一部鲜为人知的人类简史，重新理解"适者生存"，割裂时代中的一剂良药
- 横跨心理学、人类学、生物学等多领域的科普力作

## 你好，我的白发人生
### 长寿时代的心理与生活

彭华茂 王大华 编著

- 北京师范大学发展心理研究院出品。幸福地生活，优雅地老去

| 新书速递 |

空洞的心
成瘾的真相与疗愈

为什么我们总是在防御

身体会替你说不
内心隐藏的压力如何损害健康

停止自我破坏
摆脱内耗，6步打造高效行动力

生命的礼物
关于爱、死亡及存在的意义

## 红书

[瑞士] 荣格 原著
[英] 索努·沙姆达萨尼 编译
周党伟 译

心理学大师荣格核心之作，国内首次授权

## 身体从未忘记
### 心理创伤疗愈中的大脑、心智和身体

[美] 巴塞尔·范德考克 著
李智 译

- 现代心理创伤治疗大师巴塞尔·范德考克"圣经"式著作

## 多舛的生命
### 正念疗愈帮你抚平压力、疼痛和创伤（原书第2版）

[美] 乔恩·卡巴金 著
童慧琦 高旭滨 译

正念减压疗法创始人卡巴金经典之作

## 精神分析的技术与实践

[美] 拉尔夫·格林森 著
朱晓刚 李鸣 译

- 精神分析临床治疗大师拉尔夫·格林森代表作，精神分析治疗技术经典

## 成为我自己
### 欧文·亚隆回忆录

[美] 欧文·D.亚隆 著
杨立华 郑世彦 译

存在主义治疗代表人物欧文·D.亚隆用一生讲述如何成为自己

## 当尼采哭泣

[美] 欧文·D.亚隆 著
侯维之 译

- 欧文·D.亚隆经典心理小说

## 打开积极心理学之门

[美] 克里斯托弗·彼得森 著
侯玉波 王非 等译

积极心理学创始人之一克里斯托弗·彼得森代表作

## 理性生活指南
### （原书第3版）

[美] 阿尔伯特·埃利斯 著
罗伯特·A.哈珀
刘清山 译

- 理性情绪行为疗法之父埃利斯代表作

### 冲突的力量
#### 如何建立安全、稳固和长久的亲密关系

[美] 埃德·特罗尼克
克劳迪娅·M.戈尔德 著

姜帆 译

长达 50 年的"静止脸"科学实验证明，从婴儿到成人，关系中的冲突会伴随我们一生。不断经历关系的错位与修复是我们通往健康亲密关系的必经之路

### 清醒地活
#### 超越自我的生命之旅

[美] 迈克尔·辛格 著

汪幼枫 陈舒 译

- 樊登推荐！改变全球万千读者的心灵成长经典。冥想大师迈克尔·辛格从崭新的视角带你探索内心，为你正经历的纠结、痛苦找到良药

### 静观自我关怀
#### 勇敢爱自己的 51 项练习

[美] 克里斯汀·内夫
克里斯托弗·杰默 著

姜帆 译

静观自我关怀创始人集大成之作，风靡 40 余个国家。爱自己，是终身自由的开始。51 项练习简单易用、科学有效，一天一项小练习，一天比一天爱自己

### 不被父母控制的人生
#### 如何建立边界感，重获情感独立

[美] 琳赛·吉布森 著

姜帆 译

- 让你的孩子拥有一个自己说了算的人生，不做不成熟的父母
- 走出父母的情感包围圈，建立边界感，重获情感独立

### 社交恐惧症

王宇 著

社交恐惧症——3000 万人的社交困境，到底是什么困住了你？如何面对我们内心的冲突？心理咨询师王宇结合多年咨询与治疗实践，带你走出恐惧、焦虑的深渊，迎接生命的蜕变

### 萨提亚冥想经典

[加] 约翰·贝曼 编

刘宛妮 译

- 国际家庭治疗先驱维吉尼亚·萨提亚留给世人的 53 篇冥想
- 约翰·贝曼博士亲自整理
- 每一篇冥想都是一份珍贵的礼物，指引我们走向内心

## 跨越式成长
### 思维转换重塑你的工作和生活

[美] 芭芭拉·奥克利 著

汪幼枫 译

* 芭芭拉·奥克利博士走遍全球进行跨学科研究，提出了重启人生的关键性工具"思维转换"，面对不确定性，无论你的年龄或背景如何，你都可以通过学习为自己带来变化

## 大脑幸福密码
### 脑科学新知带给我们静、自信、满足

[美] 里克·汉森 著

杨宁 等译

* 里克·汉森博士融合脑神经科学、积极心理跨界研究表明：你所关注的东西是你大脑的造者。你持续让思维驻留于积极的事件和体就会塑造积极乐观的大脑

## 牛人心法
### 3 步升级你的人生操作系统

[马来西亚] 维申·拉克雅礼 著

陈能顺 译

* 《生而不凡》后又一力作！打破打工人"唯有苦干，才能成功"的迷思，颠覆思维的底层逻辑，唤醒佛陀之心与牛人之力，成为自己人生的 CEO

## 成为更好的自己
### 许燕人格心理学 30 讲

许燕 著

* 北京师范大学心理学部许燕教授，30 多年"格心理学"教学和研究经验的总结和提炼。解自我，理解他人，塑造健康的人格，展示格的力量，获得最佳成就，创造美好未来

## 延伸阅读

自尊的六大支柱

习惯心理学
如何实现持久的积极改变

学会沟通
全面沟通技能手册
（原书第 4 版）

抗逆力养成指南
如何突破逆境，成为更强大的自己

深度转变
让改变真正发生的 7 种语言

深度关
从建立信任到创

# 高效学习 & 逻辑思维

## 超级学习者

[加] 斯科特·H. 扬 著

姚育红 译

- 加拿大超级学霸斯科特·H. 扬，带你纵览认知科学的新研究，解锁"超级学习"9 大法则，快速、高效掌握一个知识领域的硬核技能

## 写作脑科学
### 如何写出打动人心的故事

[美] 莉萨·克龙 著

钟达锋 译

- 理解人们的故事天性，写出能满足读者预期的故事，才能让你的作品打动人心。认知神经科学之父迈克尔·加扎尼加审读推荐

## 如何达成目标

[美] 海蒂·格兰特·霍尔沃森 著

王正林 译

- 社会心理学家海蒂·霍尔沃森力作
- 精选数百个国际心理学研究案例，手把手教你克服拖延，提升自制力，高效达成目标

## 驯服你的脑中野兽
### 提高专注力的 45 个超实用技巧

[日] 铃木祐 著

孙颖 译

- 你正被缺乏专注力、学习工作低效率所困扰吗？根源在于我们脑中藏着一头好动的"野兽"。45 个实用方法，唤醒你沉睡的专注力，激发 400% 工作效能

| 延伸阅读 |

故事板演讲术
步打造看得见的影响力

学会如何学习

科学学习
斯坦福黄金学习法则

刻意专注
分心时代如何找回高效的喜悦

说服的艺术

批判性思维工具
（原书第 3 版）

### 女孩，你已足够好
如何帮助被"好"标准困住的女孩

[美] 蕾切尔·西蒙斯　著

汪幼枫 陈舒　译

- 过度的自我苛责正在伤害女孩，她们内心既焦虑又不知所措，永远觉得自己不够好。任何女孩和女孩父母必读书。让女孩自由活出自己，不被定义

### 自言自语

鲁林希　著

- 你，真的了解你自己吗？哈佛心理学人鲁林希原创输入＋输出型心理手账，56天写就一本专属于自己的心理学手账，直面生活挑战，收获精神慰藉

### 焦虑是因为我想太多吗
元认知疗法自助手册

[丹] 皮亚·卡列森　著

王倩倩　译

- 英国国民健康服务体系推荐的治疗方法
- 高达 90% 的焦虑症治愈率

### 为什么家庭会生病

陈发展　著

- 知名家庭治疗师陈发展博士作品
- 厘清家庭成员间的关系，让家成为温暖的港湾，成为每个人的能量补充站

延伸阅读

怎样驱逐内心的黑狗

丘吉尔的黑狗
抑郁症以及人类深层心理现象的分析

童年逆境如何影响一生健康

学会沟通，学会爱
如何消除误解，让亲密关系更稳固

拥抱你的内在小孩（珍藏版）

性格的陷阱
如何修补童年形成的性格缺陷

### 心理创伤疗愈之道
倾听你身体的信号

[美] 彼得·莱文 著

庄晓丹 常邵辰 译

有心理创伤的人必须学会觉察自己身体的感觉，才能安全地倾听自己。美国躯体性心理治疗协会终身成就奖得主／身体体验疗法创始人集大成之作

### 创伤与复原

[美] 朱迪思·赫尔曼 著

施宏达 陈文琪 译

童慧琦 审校

- 美国著名心理创伤专家朱迪思·赫尔曼开创性作品
- 自弗洛伊德以来，又一重要的精神医学著作
- 心理咨询师、创伤治疗师必读书

### 拥抱悲伤
伴你走过丧亲的艰难时刻

[美] 梅根·迪瓦恩 著

张雯 译

悲伤不是需要解决的问题，而是一段经历与悲伤和解，处理好内心的悲伤，开始与悲伤共处的生活

### 危机和创伤中成长
10 位心理专家危机干预之道

方新 主编　高隽 副主编

- 方新、曾奇峰、徐凯文、童俊、樊富珉、马弘、杨凤池、张海音、赵旭东、刘天君 10 位心理专家亲述危机干预和创伤疗愈的故事

### 哀伤咨询与哀伤治疗
（原书第 5 版）

[美] J. 威廉·沃登 著

王建平 唐苏勤 等译

知名哀伤领域专家威廉·沃登力作，哀伤咨询领域的重要参考用书

### 哀伤的艺术
用美的方式重构丧失体验

[美] 罗琳·海德克
　　约翰·温斯雷德 著

吴限亮 何丽 刘禹强 等译
李明 审校

- 即便遭遇不幸，我们依然可以感到被安慰、被支持，甚至精力充沛、生气勃勃。死亡与哀伤专家罗琳·海德克和约翰·温斯雷德作品

### 硅谷超级家长课
#### 教出硅谷三女杰的 TRICK 教养法

[美] 埃丝特·沃西基 著
姜帆 译

* 教出硅谷三女杰，马斯克母亲、乔布斯妻子都推荐的 TRICK 教养法
* "硅谷教母"沃西基首次写给大众读者的育儿书

### 孩子的语言
#### 语言优势成就孩子的毕___
发展

苏静 叶壮 著

* 《父母的语言》实操篇
* 包含实用的语言学习方法、阅读方法、互动___戏，教你如何一步一步在日常生活中培养孩子___语言优势

### 游戏天性
#### 为什么爱玩的孩子更聪明

凯西·赫什-帕塞克
[美] 罗伯塔·米尼克·格林科夫 著
迪亚娜·埃耶
鲁佳珺 周玲琪 译

* 儿童学习与发展奠基之作
* 指出"在玩耍中学习是孩子成长的天性"
* 43 个亲子互动游戏轻松培养孩子的 6 大核心能力

### 正念亲子游戏
#### 让孩子更专注、更聪明___
更友善的 60 个游戏

[美] 苏珊·凯瑟·葛凌兰 著
周玥 朱莉 译

* 源于美国经典正念教育项目
* 60 个简单、有趣的亲子游戏帮助孩子们提___种核心能力
* 建议书和卡片配套使用

---

延伸阅读

儿童发展心理学
费尔德曼带你开启孩子的成长之旅
（原书第 8 版）

成功养育
为孩子搭建良好的成长生态

高质量陪伴
如何培养孩子的安全型依恋

自闭症新科学
为自闭症人士做出正确的生活选择

欢迎来到青春期
9~18 岁孩子正向教养指南

聪明却孤单___
利用"执行功___
提升孩子的情___

更资深咨询师寻求专业意见的过程。简单来说就是咨询师对于一个个案完全没有思路或拿不准，于是付费找另一位咨询师购买专家意见。

它通常是一次性的，偶尔因为一次说不完，可能会多谈几次，但通常都是短时间内集中谈完，不会拖泥带水。（在一些流派型培训中存在仅就单一个案进行的长程督导，这种情况仍是个体督导，不属于个案咨商。）

严格来说，**个案咨商可能并不能算是一种督导，因为寻求咨商的咨询师和提供意见的咨询师之间不存在督导关系。**资深咨询师与求问者没有持续接触，既不熟悉求问者的执业情况，对案例的了解也完全仰赖于求问者的单次报告，因此个案咨商内容基本局限于案例分析（有点类似于团体督导中的"报个案"）。

并且，由于不存在督导关系，个案咨商是完全就事论事的模式，资深咨询师提供的意见也仅具有参考性，即"我看起来是这样，要是我，我就这么做，你回去再想想看，具体怎么做你自己决定"。

个案咨商经常是个体督导的一种补充，毕竟督导再有经验也不是万能的，总会有自己不熟悉的领域、拿不准的个案。此时，咨询师就可以找其他资深咨询师寻求第三方意见，以便更好地理解来访者，并决定接下来的干预策略。

## 选择适合自己的督导

在确定了督导形式后，咨询师就要选择适合自己的督导。

在这里我们将主要讨论在选择个体督导时，咨询师需要考虑的方面。

在选择团体督导时，咨询师也可以根据这些方面参考，但由于团体督导在深度、强度和对受督的影响力方面通常都不如个体督导，因此咨询师在选择团体督导时相对而言可能就没有那么苛刻。另外，也有些时候团体督导是由机构配套提供的，咨询师自己并不能选择督导。

下面是在选择个体督导时，咨询师需要考虑的几个主要因素。

## 临床经验

督导至少需要在临床经验方面上是受督的"前辈"，才可能较好地胜任督导职责，而这一点可以一定程度上通过督导的临床时数评估。

通常，督导的临床时数至少需要比受督多 2000 ～ 3000 小时，这意味着督导相比受督处于更进阶的临床发展阶段，能够对处于前一阶段的受督提供支持与指导。

理想状态下，督导最好比受督多 5000 小时或更多，这意味着督导不仅了解受督的临床发展阶段，还了解之后数个阶段中受督将要面对的情况，因此可以给予更有策略性也更全面的帮助。

对于临床经验的要求也有例外之时。**如果受督在学习一种与之前工作形式差异巨大的全新咨询形式时（比如原来做个体咨询的咨询师学习家庭或团体咨询，或者反之），就不需要太在意临床时数相近的问题。**此时，虽然两人纸面数字接近，但在该咨询形式上，督导毫无疑问仍然是受督的"前辈"。

另外，我们在第五章也谈到过，时数只是临床能力的参考性指标，督导具体的临床能力只能在受督与督导的工作过程中去逐渐了解与判断。

## 临床专长

督导的临床专长是另一个重要的考量项，毕竟没有咨询师什么都擅长。就算是整合流派的咨询师，其受训也是有限的，不可能每个流派都学过，每种疗法都会用。而如果受督本身就想实践特定的疗法，或者向特定流派发展，显然就更得找具有相应专长的督导了。

实际上，每个流派不仅咨询做得不一样，督导的侧重也不一样，甚至督导设置都可能不一样。因此，**具有流派偏好的咨询师从一开始就得找与自己偏好相近的督导，以免半路发现临床发展得"四不像"。**

除了流派、疗法上的专长，督导的其他专长考量项还包括擅长的人群（比如儿童、青少年、性少数人群、低收入人群等）、擅长的临床议题（比如情绪问题、依恋问题、人格问题、创伤等），以及擅长的设置（比如私人执业、大学、医院、社会机构等）。

咨询的基本原则虽然相同，但具体人群、具体议题的处理方式、对咨询师自我的运用都可能截然不同。不仅如此，同一问题在不同设置下处理方式也颇为不同（比如来访者有自杀倾向，那么在医院、大学和私人执业中处理方式差异就很大）。咨询师同样需要根据自己未来的发展倾向选择具有相应临床专长和经验的督导。

简单来说，咨询师希望自己未来成为什么样的咨询师，就可以找与之相似的督导：如果未来想以处理青少年问题为专长，就找在青少年工作方面经验丰富的督导；想以解决依恋问题为专长，就找擅长依恋工作的督导；想私人执业，就找长期以私人执业为主的督导。简言之，就是找一个该领域的"前辈"。找督导其实就是这么回事。

## 督导经验

临床能力和督导能力是两种相关但不相同的能力。咨询师的临床能力不受督导能力限制，即一个人是不是督导、督导得如何，并不影响其临床发挥，但咨询师的督导能力却一定程度上受其临床能力的限制。毕竟，人总是没办法督导自己还没有掌握的实务。

不过，这并不意味着一个人只要临床能力过线，就一定能提供良好的督导，毕竟督导不论从双方身份、关系模式，还是工作方式上，都与咨询有所不同。因此，督导经验是有别于临床经验的独立考量项。

督导也有自己的成长方式。基本而言，曾经受到过督导培训，并且有一定督导经验的督导，在督导的方法上大多会优于那些处于同一临床水平，但毫无督导培训和实操经验的督导。

尤其是在纯新手、零时数的咨询师训练上，只要满足了基本的临床经验门槛，督导方法相比临床经验对督导效果的影响经常会更突出些。在这个阶段，选择懂得如何督导，而不仅仅是懂得如何咨询的督导是一件很重要的事。

而随着咨询师逐渐发展，督导临床经验的重要性就会逐渐上升：脱离新手阶段的咨询师不再需要督导特别技巧性地去照顾自己的基本技术和心态，而更需要其传递在临床积累中获得的专业经验和能力。

## 个人风格

每个人都有自己不同的个性和习惯，每个咨询师和督导也都是如此，即便同一个疗法、同一个流派的咨询师，其风格也可能大相径庭。因此来访者需要找到与自己"匹配"的咨询师，作为咨询师的受督也需要找到与自己"匹配"的督导。**这不是督导的专业能力问题，单纯就是两个人一开始合不合得来的问题。**

除了在初次面谈时"感觉"彼此是否合适，受督还可以主动询问督导的个人风格，比如：

▶ 表达是更直接还是更委婉

▶ 督导气氛是更轻松还是更严肃

▶ 督导方式更结构化还是更随意

▶ 在督导中更重视什么（比如个案分析、技能演练、移情与反移情等）

▶ 通常会如何讨论反移情

▶ 倾向于如何讨论督导中的冲突

…………

有一定督导经验的督导应该能够比较清晰地回答这些问题。虽然这并不意味着督导会跟她描述的一模一样，但这至少能给受督一些概念，知道自己即将走入怎样一段关系，和怎样的人合作。

## 多方权衡

在实际寻找督导的过程中，如果存在这些基本考量项都满足，且价格也可以接受的督导，显然是最完美的。但更多的情况是，督导可能在一些方面满足，在另一些方面不满足，或者都满足，但价格高得离谱或时间对不上。此时，受督可能就需要多方权衡。

### 考虑优先项

如果受督完全是新手，那么督导经验和个人风格可能就更重要些；如果受督已经有一定临床经验，那么督导的临床经验和专长可能就更重要些。此外，受督也可能从长期合作的角度考虑，一开始就咬牙选择各方面都突出的督导，或者暂时委身于一对二或者一对三的小组督导，以便能跟心目中理想的督导学习。

### 从感兴趣的督导尝试

正如咨访关系是可以中断的，督导关系也是如此。受督完全可以先与自己感兴趣的督导尝试，然后再根据督导的情况和自己感受到的财务压力等决定是否继续合作。

作为一种职业合作，督导与受督的关系理应没有咨询师与来访者的关系那样复杂，因此结束关系也是相对轻松自然的，不必过虑。

为督导的选择做好准备

督导也是一个双向选择的过程。受督选择督导，督导也会选择受督。由于督导在相当程度上对来访者的福祉负责，临床基础过差、沟通不良的受督对于督导而言就可能造成职业风险，因此督导可能会拒绝接受这些受督或停止与他们继续工作。

这一方面意味着受督需要夯实自己的临床基础，因为基础培训越扎实的受督越容易被专业督导接受，而基础培训做了个半半拉拉，甚至压根没有接受过督导，则可能会把专业督导"吓跑"。另一方面，受督也需要掌握如何与督导有效地沟通合作，而这就是我们下一节的内容了。

## 与督导有效合作

**在临床督导工作中，督导实际上同时扮演三个不同的角色，分别是教师、咨询师和顾问，各自对应督导中的教学模式、咨询模式和顾问模式。**

绝大多数督导中都包含所有这些模式，而在受督发展的不同阶段，面临不同的临床议题，以及学习不同的流派与疗法时，督导都会技巧性地偏重于其中一些模式，从该角度帮助受督澄清临床问题，发展临床能力。

如果受督能够恰当、有效地从这三个角度与督导合作，就能最大限度地从督导过程中获益；反之，如果受督拒绝其中的某些部分，或滥用某些角色职能，就会造成合作不佳、获益减少甚至没有的状况。

教学模式

咨询模式

顾问模式

## 教学模式

在教学模式中，督导会承担教师的角色，向受督提供明确的个案概念化和临床干预建议，讲解这些理论和干预背后的原因，引导受督在督导过程中演练相关技能，并最终指导受督在实际咨询中应用这些概念和技法。

### 教学模式的特点

"督导教学，受督听讲"是大多数受督最熟悉的合作方式，也是不少受督在督导过程中的"舒适区"。

这种模式在对新手咨询师的督导中应用最多，因为咨询师对临床完全茫然，督导需要在督导过程中为咨询师建立起临床实务中的许多基本常识和架构，而"直说"就是最高效的方式。即使督导采取启发性的方式，其提问通常也是具有非常明确的引导性的。

许多技术性、结构化强的疗法督导也倾向于采取教学模式。毕竟，它们的咨询本身就是用近似于教学模式的方法来实施的。

### 教学模式的注意事项

教学模式的弊端是受督容易产生惰性，国内的受督尤其如此。可能是在整个教育历程中习惯了填鸭式教学，有些受督就像嗷嗷待哺的婴孩一样，等着督导和老师"投喂"，缺乏主动学习和思考的意识与能力。

我曾经就遇到过类似的受督，他会在每次督导开始时向我详细描述来访者的情况和遇到的问题，然后问我下次咨询他要说什么、做什么，来访者的问题才能解决。

暂且不说"给来访者解决问题"这个思路到底对不对，即使我真的一五一十把"应该"怎么做告诉他，然后他也做成功了，这仅仅意味着我在间接给来访者提供咨询，而他实际上只是个"送货的"。照这个思路做下去，他不论"送货成功"多少次，自己的咨询水平也上不去啊！

因此，几乎所有长程督导都不会让教学模式成为督导的全部，并且会随着受督的临床发展，逐渐减少教学比例，以培养受督独立执业的能力。**而习惯了学校灌输教学模式的受督，也需要有意识地改变自己的学习方法，以更主动、更富思考的方式与督导讨论。**

比如，在接受督导之前，受督最好总结过自己的个案，并能提出明确的督导问题。受督也需要主动进行思考和反思，以便提出有价值的临床问题，而不是一股脑儿把自己的问题和焦虑都丢给督导，等着对方给自己"解决问题"。这既会让双方的沟通更顺畅有效，也可能帮助受督更快地成长为能够独立执业的咨询师。以下是一些受督讨论时可以参考的例子：

▸ "来访者出现了 ×× 情况，我想下一步做 ××，但是担心这么做来访者会不接受……"

▸ "最开始我觉得来访者似乎是 ×× 依恋类型，但来访者的成长经历好像和我的猜测不符，这可能是什么原因造成的？"

▸ "我已经与来访者讨论了几次 ××，但每次讨论似乎都在原地打转，我不知道哪里出了问题，有什么地方可以改善。"

除此之外，**受督需要明确一件事情，即督导不能代替培训**。督导的工作是支持和协助受督完成临床工作，而不是给受督进行流派或疗法教学。要知道，督导的形式、体量和重点都不支持这种操作。

督导可以在受督临床操作上出现概念混淆或技术偏差时，给受督进行具体化的教学和说明，但不可能向受督从头到尾讲解一个疗法，或者在几次督导中教会受督某种疗法怎么做（那些重视理论或需要大量体验的流派和疗法尤其不可行）。

所以，如果受督想要聚焦于某些流派和疗法，培训仍然是要去上的，然后在督导的指导下进行临床实践。

## 咨询模式

督导中的咨询模式与实际的心理咨询有相似之处，但本质上又截然不同。它们的相似之处在于，督导和咨询师都会询问当事人的主观体验、内在感受、对自己和他人的看法，并将之与当事人的个人模式和特点联系起来。而它们的不同之处则在于督导与受督之间没有咨访关系，不承担维持受督心理健康和协助受督心理改善的职责。也就是说，督导与受督之间的互动仅以受督的临床工作为中心，并有限地涉及受督个人。

### 咨询模式的特点

督导多数时候只会向受督询问与临床有关的主观体验、内在感受和看法，在识别个人模式后，督导也只会与受督讨论这个模式对临床工作的影响，以及在临床上应如何应对，其他则留给受督在个人成长和体验中自己处理。

在少数情况下，受督可能由于与来访者的互动或执业中的一些困难而情绪崩溃，这时候督导可能会暂时承担咨询师的角色，安抚受督的情绪，以保证受督的临床表现。但这种互动通常是零星、一次性的，在之后的督导过程中，督导仍预期继续以职业的方式与受督进行临床讨论，而不是持续为受督处理情绪问题。

### 咨询模式的注意事项

**在咨询模式上出问题的受督通常走向两个极端，第一个是拒绝讨论任何主观体验和内在感受，第二个是将督导与咨询混淆。**

人际历程回顾，或与之相似的一些移情、反移情讨论，是督导过程中的一种常用方式。督导会询问在一段时间内受督观察到的来访者的表现，以及受督内在同时发生的感受和反应，并探讨这两者之间的交互作用。受督对于咨访关系和咨询师自我的学习大量仰赖这种方式，督导只有了解受督的自我在咨访关系过程中是如何运作的，才能在这两个方面给出相应反馈和指导。

如果受督出于畏惧督导发现自己的弱点、缺乏自我表达能力或不理解督导问题的目的等，拒绝分享相关信息，督导就难以在这些方面帮助她，也自然会导致她的临床发展受阻。

事实上，受督持续无法在督导中相对中立地讨论自己的主观体验是相当明确的个人议题指标。这意味着受督内在存在阻碍其自我觉察和表达的强大防御机制，需要较长时间的个人体验来改善。

　　这种情况的反面，也就是第二个极端，是受督将督导与咨询混淆。

　　受督可能期待督导像咨询师一样对待自己，无条件地接纳自己的全部，对自己的临床表现不评判、不质疑，始终温柔抚慰、春风化雨，只要督导不满足这些期待就闹别扭（且不说咨询本身是不是都应该是这个样子的，起码督导显然不能如此）。不论督导关系是否继续下去，这样的期待都会导致督导合作本身在实质上彻底失败，即双方无法维持职业的督导关系，也无法进行有效的临床讨论。

　　每个人生活中都会存在一些自己难以应对的危机。如果受督因为生活中的危机而导致功能暂时性滑落，需要督导以咨询师的角色承接数周，通常并不是太大的问题；但如果这种情况反复出现，或者一直都是这样，就需要引起关注。

　　比如，受督每次见了督导没说两句就开始哭，需要督导持续不断的夸奖与安抚，否则就难以进行临床讨论；每次临床讨论都像在打辩论赛；持续跟督导闹别扭，既不结束督导关系，也不讨论临床问题……尤其当受督与数位督导或多或少都有类似情况时，这可能就会指向受督的胜任力问题。

　　毕竟，如果一个人连督导关系都驾驭不了，他能否驾驭更加复杂多变的咨访关系显然是个问号。由于潜在的涉及胜任力方面的伦理问题，督导可能会行使"守门人"的职责，面质受督的情况，甚至建议他暂停临床工作。

　　一些受督会听从督导的建议，但另一些受督会忽视，甚至通过"换督导"来解决问题。然而并不是没有人指出，问题就不存在。问题还是在那里，而且很可能由于受督的漠视造成更深远的负面影响。

## 顾问模式

顾问模式是临床督导中相对进阶一些的模式。在这种模式下，督导尝试后退一步，像同辈一样与受督探讨问题，鼓励受督作为独立的咨询师发表观点，发展自己的视角和手法，即使与督导可能采取的做法不同，也要信任自己的直觉和能力。

受督临床经验越多，督导就越倾向于采取这种模式，避免干扰受督独特的临床发展方向，也为受督最终成长为自己的"同事"做准备。

### 顾问模式的特点

即使是对新手咨询师，督导也可能会片段性地采取顾问模式，这是为了培养受督的独立思考能力，减少对督导的过度依赖。如果受督没有足够的独立思考与反思，督导就要引导她挑战自己；如果受督能够自己想出来，督导就要尽一切可能避免越俎代庖。

对于大多数国内受督而言，如果她们能摆脱对权威的过度依赖心理，尝试时不时以将督导看作顾问的视角与之合作，进步可能会更快一些。当然，在关键问题上受督仍需要听从督导的指挥，尤其是在伦理问题和危机干预上。另外，督导指出的个人议题也要尤其重视。毕竟，如果督导都看到并指出了，就说明这个个人议题明显对临床工作有负面影响，需要重点关注。

## 顾问模式的注意事项

虽然督导也会对新手咨询师采用顾问模式，但**顾问模式成为督导主体，通常是在受督临床时数超过 5000 小时以后。**此时，受督开始注意到自己与督导在各个方面的不同之处及其在临床上的意义，并开始尝试发展适合自己独特特质的干预方式。

比如，我自己是女性，而我的主要督导是男性；我在一个国际化的大都市执业，而他在山清水秀的小镇执业；我人在中国，而他人在美国；我不到 40 岁，而他已经 70 多岁了……所有这些差异都意味着我所面对的人群、常见的临床问题、来访者对我产生的投射和期待、我所在的工作环境及其提供的资源等，与我的督导完全不一样，因此我根本不可能用跟他完全相同的方式做咨询。

当涉及这些话题的时候，我和督导就会进入一种同辈讨论模式。我会把我看到的情况说出来，督导会尽量根据我的情况来反馈，但这并不意味着每个反馈都适用于我。于是，我就要从这些反馈中选取我认为有帮助的，或者告知督导其中一些反馈不合适，并说明为什么不合适。然后我们再一起头脑风暴还有什么有效的方式，并探讨这些差异背后的社会、文化、临床和个人意义。这些讨论加深了我对临床的理解、对自己的信任，也为督导提供了不同的视角。

由于篇幅有限，关于督导合作的讨论只能暂时告一段落。

事实上，临床督导就像临床咨询一样，充满了丰富的内容和体验。许多受督会在督导中复制自己与权威的关系模式，督导与受督的关系经常和受督与来访者的关系发生平行过程，在督导的过程中存在大量职业化的沟通和协商，督导中的冲突处理也与咨询中不尽相同……

这些都是咨询师在培训中不太会学到的内容，即使了解了这部分知识，他们也仍然需要通过体验督导本身，才能真正掌握它。另外，如果她们感兴趣，这也会为未来成为督导打下基础。

我认为，必须为每个病人制订不同的治疗方案，因为每个病人都有自己独特的故事。

——欧文·亚隆，国际精神医学大师

# 08
## 第八章
### CHAPTER

▼

# 发展临床专长

专长化是咨询师临床进阶发展中常见的发展方式，也是执业发展到一定程度后出现的自然现象。由于咨询师精力有限，不可能什么都接触、什么都擅长，随着特定类型的经验积累，加上选择性的学习，最终总是会形成一些特定的临床专长。

临床专长有利于咨询师在临床上深入学习、有所专精，使来访者有机会接受更专业化、系统化的服务，也使咨询师之间在执业上进一步差异化、多元化。但长期专注于同一临床专长也存在一些弊端。

在这一章中，我会简单讲一讲咨询师专长发展的常见原因，经历的四个阶段，专长可能存在的一些弊端及其应对方式。

## 临床专长发展的原因和阶段

几乎所有长期执业的咨询师都拥有某些临床专长。这些专长可能相当泛泛，比如伴侣、青少年，也可能相当细化，比如强迫症、解离障碍。但无论如何，**一个临床经验丰富的咨询师一定明确知道自己擅于做什么、不擅于做什么**。如果一个人表示他什么都会做，那实际情况大概是他什么都不会做。

### 临床专长发展的常见原因

咨询师发展出临床专长的原因多种多样，很多时候并不一定完全是自己决定努力，然后就发展出来的。以下是一些常见的临床专长发展的原因：

> ▸ 自己感兴趣，一直学习相关的疗法，之后发展出临床专长。
> ▸ 某个临床议题市场需求很大，经常接到与之相关的来访者，后来就变成了专长。
> ▸ 工作单位主要做某个特定的疗法或人群，或者安排自己做特定议题，随着工作经验积累形成了专长。
> ▸ 在临床中发现自己做某些来访者特别擅长，效果特别好，之后就变成了专长。
> ▸ 市场上特定类型的相关培训特别多，和同学一起学着学着就变成专长了。
> ▸ 督导有特定临床专长，和督导合作时间长了自己慢慢也发展出了相应专长。
> ▸ 原来的临床专长和另一个临床议题的工作高度重叠，所以就顺带变成了专长，比如两种心理障碍都是由于焦虑

情绪造成的，那么擅长其中一种障碍的咨询师，就很容
易将之前的工作经验迁移到与另一障碍的工作中。

............

**咨询师发展临床专长的过程，通常是个人兴趣、工作内容、市场需求和学习资源相结合的过程。**

自己感兴趣，市面上没有培训或者工作接触不到，也没法发展；自己没有兴趣，但接到的都是有着同一需求的来访者，过一阵子可能也就变成专长了。比如长期在 EAP<sup>⊖</sup>公司工作，咨询师就可能会发展出一些短程疗法的专长；戒毒在国内处于法务系统中，因此只有法务系统中的咨询师有条件发展这类专长；独立私人执业需要咨询师具有复杂长程的干预能力，因此要做私人执业就必须发展这种类型议题的专长……

除了少数咨询师从一开始就确定了自己感兴趣的方向，并坚持不懈地向着专长方向努力以外，很多人其实更多是在外界影响和自己不断尝试中，逐渐形成专长的。

## 临床专长发展的四个阶段

因为发展专长的途径多种多样，自然也不存在形成专长的单一方案。不过，咨询师的专长发展确实常常会经历四个阶段：

▶ **探索阶段：**咨询师不确定自己的专长，或者有一些猜想自己可能会擅长的内容，但在实际咨询中可能还是能接

---

⊖ EAP（Employee Assistance Program），直译为员工帮助计划，也称为员工心理援助项目。它是公司为员工设立的一套系统的、长期的福利和扶持项目。

到什么就是什么，被问到专长的时候通常回答也比较泛泛，比如擅长成人咨询之类。大多数新手咨询师处于这个阶段。

▶ **发展阶段**：咨询师希望自己有某种专长，可能正在学习这方面的专长并聘请了相应的督导，在招募来访者时也有相应倾向，但该方面临床处理能力的优势仍不突出。大多数初级咨询师处于这个阶段。

▶ **确立阶段**：咨询师有明确的专长，不仅有相应的学习和督导经验，还有一定的成功实践经验，可以确定咨询师在该方面的干预显著优于没有该方面专长的同辈咨询师。多数临床积累丰富的资深咨询师都可以达到这个阶段。

▶ **专家阶段**：咨询师有明确的专长，且在该方面积累了丰富的成功实践经验，在专长方向上了解详细全面，并在干预上有过人之处。并非每位咨询师最终都能够成为专家，或者想要成为专家，但如果在特定领域辛勤耕耘几十载，那么成为专家显然也是完全可能的。

**在发展临床专长的过程中，咨询师需要关注自己的发展需求与胜任力之间的平衡。**因为在探索和发展阶段，咨询师实际上并不真的具有相应临床专长，只是"声明"了自己打算发展的专长，因此即使招募到相应来访者，咨询师也并不一定能够完全胜任干预工作。

但这并不意味着咨询师就不能接这些来访者，毕竟如果没有专长不能接，但不接又发展不了专长，那临床发展就会出现停滞。咨询师需要的是在接来访者的同时配有相应的培训，尽量确保自己在接到来访者之前对该议题及其处理有基本了解，再与有能力协助处理来访者的督导合作，就可以确保咨询师在发展专长的过程中万无一失。当然，这又是一笔可观的开销，却不能不花。

在此之上，咨询师还会从她的来访者身上不断学习。事实上，越到临床专长发展的后期，来访者对咨询师专长发展的贡献就越大。

俗话说"久病成医"，由于来访者与自己的心理问题朝夕相处，有时候他们对该问题理解的深入和细致程度，比任何教材、论文更甚——他们是当之无愧的自身问题的"专家"。而咨询师想要成为专家，自然就要从眼前的这些"专家"身上认真学习。

不仅如此，来访者身上还具有其他所有渠道都不具备的学习条件，即来自真实临床世界的即时反馈。所谓"实践是检验真理的唯一标准"，只有通过观察来访者对于干预的真实反应，咨询师才能知道哪些方式对该种问题在临床上是真正可靠有效的，做到心里有底。而所谓的临床专家，无非就是在亲自验证过所有已知的"临床有效"后，继续向着未知的"临床有效"前进，并终有所获的人罢了。

## 临床专长的弊端及应对

虽然我们提到临床专长的形成是一种自然现象，而很多咨询师也需要投入相当多的精力，才能拥有稳固可靠的临床专长，但有时拥有临床专长也并不都意味着好事情。

拥有临床专长其实存在其弊端，尤其当咨询师的临床专长局限于单一的临床议题和疗法时，这种弊端会更加突出，并可能给咨询师的临床工作和个人健康带来负面影响。

## 弊端一：在临床工作中出现"拿着锤子的人，看什么都像钉子"的问题

咨询师的临床专长发展与其临床实务工作是相辅相成的。咨询师在某方面的临床专长越突出，就越容易接到这方面的来访者，而咨询师接该方面的来访者越多，越容易采取同样的干预疗法，以致其临床专长更加突出。在这个过程中，咨询师的来访者类型可能会在不知不觉间变得越来越狭窄，逐渐向着只符合咨询师临床专长的方向发展。

这样的发展在专科病房、细分机构中是没有问题的，比如咨询师的专长是进食障碍，在进食障碍病房中每天接到的都是已经经过筛选的进食障碍来访者，或者咨询师的专长是辩证行为疗法，并在专门干预边缘型人格障碍的机构工作，那么咨询师的专长与个案情况完全匹配，就不造成问题。

但如果咨询师不是处于这样一种高度专门化的环境中，而其执业却由于一些原因高度局限于个别临床专长，就可能造成咨询师对常模，或者说一般人群认知的偏差——因为咨询师每天接触的都是有类似问题的人，并且处理方式也类似，就会在不知不觉中默认大家都是这样，特定方法对所有人都有效。

这样一来，咨询师在个别个案概念化时就会产生偏差，漏掉不符合自己专长的重要部分，或者在干预中过度路径依赖，没有根据当前来访者的情况有针对性地进行反馈……

扩大执业范围，发展多样化、差异化的临床专长，多与不同专长的同行交流，与咨询业外的专业人员交流合作，以及日常多进行和咨询工作无关的社交活动和自我照顾对此都有一定帮助。

**从根本上来说，咨询师需要有挑战自己临床思维、放下自己临床专长的机会，也需要在临床上和在生活中，走出自己职业定位舒适区的经验。**对于那些临床时数在 5000 小时以上的咨询师而言，这种经验尤其重要。这一方面可以帮助她们通过与他人比较，更加确定、肯定自己的临床专长，另一方面也可以提高他们在更广泛意义上的现实检验能力，使他们在临床工作中更加客观、平衡。

## 弊端二：对咨询师特定能力的过度使用和损耗

每种专长都有其侧重点，有些注重逻辑分析，有些看重情感共鸣，有些强调关系滋养，有些偏重躯体感受……不同临床议题的干预对咨询师的技术与自我表现也会有特定需求。

就像织物总是受到同一个方向的光照，会导致表面老化，出现难以消除的纹理；咨询师长期做同一种疗法，或者接同一个议题的来访者，也会因持续使用相同的技能，或者表现出相同的咨询师自我的侧面，而在临床操作和自我功能上固化、失去弹性。

不仅如此，长期使用相同的心理功能还可能造成该功能的过度损耗。

比如，有些疗法对滋养特别强调，那么咨询师可能会努力用滋养的方式对待每个来访者。但如果咨询师自身从其他角度得不到足够的滋养，就可能造成滋养耗竭，可能完全滋养不了来访者了，甚至可能连自己家的孩子都滋养不动了。

又比如，创伤后应激障碍的处理对咨询师的神经系统和免疫系统的耐受力有要求，如果每个来访者都有创伤，都需要消耗咨询师的耐受力，最终咨询师就可能自己患上神经性或免疫性的疾病。

## 如何减少临床专长带来的负面影响

仅仅是出于临床有效性和个人健康的考虑，咨询师也需要注意到自己临床专长可能带来的负面影响，并对症下药。以下几种方法可供参考：

- ▸ 做一部分自己专长的来访者，再以其他形式做一部分自己并非专长，但也能良好处理的来访者。
- ▸ 针对自己专长的需求在其他方面进行补充。比如上文两个例子中，使用的疗法对滋养特别强调，那么就可以寻找其他滋养自己的方式，例如家庭关系、宠物关系、大自然等；需要长期处理创伤问题，那么就可以积极通过冥想、运动、按摩等方式处理神经系统和免疫系统的压力。
- ▸ 发展完全相反的专长，比如一个注重认知分析，一个注重躯体感受，通过采用多种不同的手法来平衡每种手法可能带来的特定消耗。

伦理存在于你有权做什么和什么是正确的之间。

——波特·斯图尔特，
美国最高法院前大法官

09

第九章

CHAPTER

▼

# 实践中的伦理

　　咨询伦理对于大家来说可能是个相对陌生的概念。我们大多熟悉道德，因此常常把它跟伦理搞混，事实上道德与伦理是相关但不相同的两件事。违反道德的不一定违反伦理，而违反伦理的也不一定违反道德，它们各自有自己的领域和标准。

　　如果要拿咨询伦理类比我们日常生活中熟悉的事物，一个很有参考价值的类比可能是交通规则。咨询伦理之于咨询师在很多方面都很像交通规则之于驾驶员：

- ▶ 订立交通规则的目的是保护所有驾驶员、乘客和路人的安全与健康。
- ▶ 如果不开车不上路，就不用遵守交通规则，但只要开车上路，就得遵守。

▸ 驾驶员的职责是在能力范围内尽可能遵守交通规则，在出现小的犯规时尽快纠正解决，并尽一切可能避免任何严重犯规的情况。

▸ 长期开车的人大多有过小的犯规，但更遵守规则的人在长线上过失频次一定显著更少，且违反内容也较轻微。

▸ 所有驾驶员都共享遵守交通规则带来的良好路面环境，他人违反规则同样可能损害其他在路上驾驶的人的权益，比如没有酒驾的人被酒驾的人撞飞。

当然，交通规则与咨询伦理之间也有很大差异。比如，交通规则非常具体、操作性很强，驾驶员只需要背诵全文，然后"照章办事"就可以了；但咨询伦理的一些部分就相对抽象或泛泛，需要咨询师结合实际情况具体判断和操作。在现实中甚至可能出现伦理困境、伦理两难，咨询师好像怎么做都不对，因此需要与上级督导、伦理委员会等咨商。

因此，**咨询伦理并不被称为"规范""规则"，而被称为"守则"。也就是说，它包含一些纲领性的意义。** 就像《中小学生行为守则》中包含"珍爱生命"这样具有纲领性意义的原则，《中国心理学会临床与咨询心理学工作伦理守则》（以下简称《伦理守则》）中也包含这样的原则，它们是善行、责任、诚信、公正和尊重。

在这一章里，我们会谈一谈临床实践中的伦理挑战。让我们将对于《伦理守则》细节或伦理判断方法论的讨论交给更专业的学术著作，在这里，更多地聊一聊在咨询实务中两个影响咨询师实践伦理的普遍因素：咨询师的专业胜任力和咨询师对伦理价值的评价及思考。

## 伦理的实践以专业胜任力为基础

咨询师首先需要了解咨询伦理，就像驾驶员学车时需要学交通规则。交通规则是驾驶员基础知识中必不可少的组成部分，我们很难想象一个驾驶员连交通规则内容都不熟悉就上路去开车了，可能带来的后果。这也是为什么绝大多数系统化的咨询基础培训都包含伦理，有时候是一门单独的职业伦理课，有时候则在咨询师职业发展课中占据着重要地位。市面上也存在一些短期伦理培训，帮助已从业的咨询师补足、更新伦理知识。

不过，仅仅"知道"伦理并不足够。由于咨询伦理的许多部分远不像交通规则那样简单直接，而需要咨询师根据自己的临床知识和能力去独立判断与实施。因此，虽然在《伦理守则》中专业胜任力只是一个小章节，**在临床实践中，咨询师的专业胜任力却会通过影响咨询师的临床判断，进而影响咨询师实践伦理的能力。**

以"维护来访者的最佳利益"为例，这是一个所有咨询师都认同的伦理原则，指的是咨询师作为助人者，在进行所有干预和安排时，应以来访者的最佳利益为优先。

理论是这样讲的，但如果在现实中，咨询师的专业胜任力不足以正确判断来访者的最佳利益是什么，该怎么办？这种情况在临床上并不少见，并且面对越复杂的个案越容易发生。

比如咨询师可能误判了来访者临床表现背后的含义，或者虽然正确判断，但没有意识到自己缺乏相应的干预能力，或者在干预方式方面的知识有误，因此采取了效果更差，甚至对来访者有负面影响的干预方式，等等。在越复杂的个案中，这样的情况就越微妙，有时甚至只是识别出这类情况在发生，就已经需要相当多的专业胜任力。

多元文化咨询在这方面就是重灾区。由于国内的多数咨询师从基础培训开始就缺乏这方面的培训经历和资源，不少咨询师在个人生活中也没有很多条件接触多样化的人群和多元化的价值观念，就可能导致咨询师在对来访者进行个案概念化、制订咨询目标和计划，以及实施咨询的过程中，在无意识情况下伤害了来访者的最佳利益。

想象一下：

- ▶ 习惯歧视女性的咨询师在接女性来访者。
- ▶ 内心恐惧性少数人群的咨询师在接性少数来访者。
- ▶ 轻视低收入和低社会阶层人群的咨询师在接底层来访者。
- ▶ 将不同身体和神经表现视为缺陷的咨询师在接身体和神经多样性来访者。
- ▶ 内心抱有精神障碍污名化的咨询师在接精神障碍转归来访者。

…………

咨询师对该人群的歧视性信念可能导致咨询师将咨询目标订立为协助来访者"接纳"自己的歧视性地位，在咨询过程中流露出对来访者独特个性和意愿的忽视，"鼓励"来访者放弃自身价值和利益，有意无意地否定来访者不符合歧视性信念的健康表现，维持来访者更符合刻板印象的僵化表现。

而这些问题在相当程度上是由于咨询师缺乏相关的临床训练，或者虽然受到了训练，但难以正视自己的局限（即相关专业胜任力的匮乏），继而直接影响咨询师遵守伦理的基本能力。

　　**咨询伦理并不独立于临床操作之外，而是表现在每一个临床判断和干预之中。**心理咨询显然是比开一辆小轿车要复杂得多的操作，而咨询师专业胜任力的构成也比"掌握一门学科单一的知识""熟练一门单一的技术"要复杂得多。咨询伦理"实践"与临床"实践"紧密绑定，因而极大地受到咨询师专业胜任力的影响。

　　正因如此，广泛提升自己在诸多临床议题上的基本认知和专业胜任力，培养多元文化价值的适应能力，发展对咨询领域及自身更广泛、全面、真实的了解，以及寻求恰当的培训和督导这样的专业发展活动，才可以为咨询师伦理实践打下最坚实的基础。

## 认同伦理的价值，才会用心维护

　　所有驾驶员都是交通规则这一科考了 90 分以上才上路的，而且很少有人会考不到 90 分，但你仍然时不时就能看到违反交通规则的人，有时候你自己可能也违反了。

　　显然，一个人并不会因为知道规则，就遵守规则，在临床实践中也是如此。除了前面我们谈到的，实践伦理所需的专业胜任力问题，显然还有许多其他的因素会影响人们去实践伦理，比如一个人如何评价伦理，又如何思考伦理。

　　咨询师也是普通人，如果一件事对自己是有益的，那么大多数人都会被内在动机、对自己真切的益处自然驱动，并付诸实践。如果一件事只对别人好，会限制甚至牺牲自己的利益，那么大多数人不得不花大力气严格要求自己，打起十二万分的精神去实践——由于外在动机、想着为了别人而付出可能都无法长久地驱动自己，而且不稳定、风险大，此时稍有差池就会被冲动和侥幸冲垮防线。

伦理也是如此。如果咨询师只是出于对来访者好、盲目服从规则或者避免被抓受罚的原因遵守伦理，那么当执业中出现诱惑时，咨询师几乎难以避免地会动摇。**只有一个人深刻意识到，遵守伦理对自己的执业水准和身心健康的重大益处，并真心认同，才会在面对挑战时尽一切可能去维护它。**

这种对于伦理价值的评价及思考需要由个人独立完成，在缺乏个人思考和选择自由的情况下，他人给出的结论只会自动变成另一种"照本宣科"。

在总则层面，咨询师需要独立思考：

▶ 是否认同善行、责任、尊重、公正、诚信，以及它们对你为什么是好的？

▶ 为什么《伦理守则》以这些原则作为理想？

▶ 这些原则对你究竟有怎样的意义？

▶ 你认同它们吗？还是不认同，或者部分认同？

▶ 你相信实践它们，不论遇到怎样的挑战，最终对你个人，都会是好的吗？

…………

在细则层面，咨询师更需要独立思考：

▶ 为什么避免多重关系对咨询师和来访者都好？

▶ 为什么咨询师和来访者都需要在咨询一开始讨论知情同意？

▶ 为什么关于专业胜任力的原则既保护了来访者，也保护了咨询师?

▸ 为什么遵守保密协议能为双方都带来最大的利益?

…………

**只有那些与咨询师内在价值观一致的原则可以自始至终得到最好的维护,而那些与个人信念相悖的伦理原则,则可能在咨询师面对伦理挑战时爆发危机。**

没有人是完美的,也没有现实是理想的。《伦理守则》中具有纲领性意义的五大原则指出了心理咨询中的理想,而这个理想将如何落地,则会由每一位咨询师的信念与行动实现。

## 第五章 咨询师的临床积累阶段

总结
与
回顾

- 咨询师的临床积累从临床时数积累开始,这种积累建立在脚踏实地的实务工作上,很大程度上决定了咨询师临床水平的上限,而咨询师的临床表现、执业状态、发展方向也与其时数积累程度有直接关联。

基于临床时数的咨询师定位与发展

(1)夯实咨询基础:2000 小时以下

- 临床时数在 2000 小时以下,咨询师的临床学习曲线最为陡峭。在这个阶段,咨询师需要从完全没有做过咨询的小白,发展到基本能够独立完成咨询,并能对来访者有一定帮助的专业咨询师。这个阶段需要至少两年的亲身体验与实践，为临床发展打下坚实基础。

- 面对这个阶段在临床经验、业内声誉上的缺乏，咨询师首先需要想尽一切办法多接来访者、积累经验；其次，开始寻觅自己未来长期合作的督导，以便进行正确的个案概念化和设定有效的基本干预计划，不断打磨基本咨询技术和学习基本咨访关系，并在督导的指导下规避执业中的常见风险，在自己的胜任力范围内执业。

（2）深入发展临床能力：2000 ～ 5000 小时

- 临床时数在 2000 ～ 5000 小时，咨询师正式开始深入发展其临床能力，并逐渐与新手咨询师拉开距离，临床能力可能会出现第一次质的飞跃。取决于咨询师的个案量，这个阶段可以从三四年延续到十几二十年的时间。

- 在解决基本技能问题后，咨询师需要发展对个案更复杂、系统的理解，以及基于个案概念化进行更精准、全面的干预，咨询师需要与督导合作，共同打磨具体实践。由于临床反思的重要性越来越高，咨询师需要在思考中对临床工作形成更深刻的理解和更准确的干预能力，从而在整体上更好地传达自己说某一句话时的临床意义。

（3）走向复合型和专长化：5000 ～ 8000 小时

- 临床时数在 5000 ～ 8000 小时，咨询师逐渐建立对临床工作和自身胜任力更符合现实的认知和预期，并在这些方面继续发展。这个阶段通常持续三四年到数十年，因此时咨询师多为全职临床工作者，每周个案量都不少，所以往往是正常工作着就完成了积累。

- 这个阶段咨询师会向复合型、专长化的方向发展，开始出现跨疗法或跨流派的学习，明确并深入学习与自己疗法、经验、兴趣匹配的个人临床专长。在实际干预上，咨询师对督导的依赖在逐渐下降，并且会发现督导分享的方式不一定适合自己，从而开始有意识地辨别与选择干预方式，发展出最符合自己特点的临床风格。

（4）成为"有治疗性的人"：8000 ~ 10 000 小时

- 临床时数在 8000 ~ 10 000 小时，咨询师在疗法和技术方面日臻完善，对临床工作、突发情况以及人性有了更现实与深刻的理解。此时，咨询师发展的优先级逐渐从"如何做有治疗性的事"向"如何成为有治疗性的人"方向转变。

- 咨询师本人的特质、经历、议题和倾向会逐渐成为对其临床实践和发展具有决定性的因素。此时，咨询师与督导逐渐进入一种同行合作的状态，基本可以进行平等的临床探讨；而每位咨询师都拥有自己独特的咨询理念和方法、对咨询工作和人性的理解，需要独立探索自己未来的执业方向，并开创属于自己的实践之路。

### 制约临床发展的常见因素

- 一些制约临床发展的常见因素：

  1）临床工作内容受限。

  2）缺乏相应的优质培训。

  3）缺少长期有效的个体督导。

  4）个人议题受阻。

5）周个案量过少。

6）其他影响因素，如个人悟性、家庭或身体原因等。

## 第六章　初入临床：新手咨询师的常见问题及发展之道

- 新手咨询师在最初做咨询的时候很容易手忙脚乱，或者出现一些在他们回顾时看来像是低级错误的问题。但同时，在新手阶段，咨询师也拥有一些独一无二的条件，使她们可以学习一些在临床发展后期反而较难训练的能力。

### 避免教条主义

- 基本咨询原则、心理理论和干预手册都容易被新手咨询师教条化。
- 咨询师需要牢记助人的根本，根据对来访者需求的评估，选择合适的理论和干预方法，并在追踪来访者的表现和对干预的反馈时，结合实际情况随时调整，以避免教条主义，帮助咨询师遵守咨询的伦理和原则，为来访者提供他最需要的支持。

### 应对新手焦虑

- 觉察范围变窄、过度关注眼前某些需要处理或有问题的细节、没有足够精力去注意来访者、丧失与来访者基本联结和共情的能力是新手焦虑的典型表现。
- 咨询师只要明确自己在认真做，也与督导亲密合作，实务中出现的问题就会成为学习的助推器，并且避免对来访者造成伤害。同时，在督导的帮助下，识别出自己对

咨询工作理解的偏差，以及自己所认同的来访者的期
待，常常能很大程度上减少这种焦虑。

## 发现咨询中的"我"

- 深入的咨询工作离不开咨询师对自我的运用，而咨询师
  学习和实践的一个主要组成部分，就是学习了解和应用
  自己的自我。

- 运用自我的第一步是了解自我，咨询师在咨询中和咨询
  后需要对自己进行觉察与反思，从而对这个自我进行不
  同的应用和调整。而咨询师对自我的看法、从自我中学
  到的，也会决定其流派取向和工作方式。因此，需要观
  察和学习这个自我，明确未来的专业发展方向。

## 第七章 临床督导：成长中最重要的支持者

- 在咨询师的专业发展中，临床督导具有举足轻重的位
  置，起到全面支持咨询师，指导咨询师完成全部临床发
  展的作用。有经验的督导会根据受督的特点，为其未来
  发展提供有参考性的建议和方向，并在一定程度上承担
  着守住临床伦理界限的责任。

### 选择恰当的督导形式

- 不同的督导形式所提供的临床支持截然不同，也适合处
  于不同临床发展阶段的咨询师。

- 个体督导，临床督导中最基本的形式，在专业发展与临
  床支持方面是最综合性、全方位的，但好督导难找价
  高，而且只能讨论自己的个案而使临床视角受限。通常

个体督导至少隔周见一次，最好一周一次，长程个体督导短则二三十次，长则可达数年。

- 小组督导，多因督导资源或财务资源不足而被采用，具有一定程度上丰富且多视角的临床讨论、多人分摊费用等优势，但个案讨论、督导和受督讨论的深入度有限，且容易出现复杂的团体动力。因此，小组督导的受督通常不能超过三人，多数时候以两人为宜。

- 团体督导，一种支持性、参考性的临床活动，其规模最好不超过团体咨询单个咨询师适宜领导的规模，基本在8～12人。因其与个体督导的优劣势基本上是相反的，如果咨询师只有一位督导，应选择个体督导；如果有额外条件，团体督导和个体督导配合最为理想。

- 同辈督导，也是一种较为流行的督导形式，但因其要求所有参加成员都已经达到可以成为督导的临床水平，所以基本上不适合新手咨询师，而比较适合临床时数至少在2000小时以上，最好是5000小时以上的咨询师。不同专长之间相互借鉴，可以带来很大的收获。

- 个案咨商，咨询师就特定个案向更资深咨询师寻求专业意见的过程，通常是一次性的付费形式。它经常是个体督导的一种补充，咨询师和更资深咨询师之间不存在督导关系，内容基本局限于案例分析，而资深咨询师提供的意见也仅具有参考性。

### 选择适合自己的督导

- 在选择适合自己的督导时，咨询师可以从临床经验、临床专长、督导经验、个人风格等方面进行考虑。

- 督导的临床经验，可以一定程度上通过督导的临床时数评估，通常需要比受督多 2000 ～ 3000 小时，最好多 5000 小时或更多。但如果受督在学习一种与之前工作形式差异巨大的全新咨询形式时，就不需要太在意临床时数相近的问题。而且，时数只是临床能力的参考性指标，有时候也需要在受督与督导的工作过程中去逐渐了解与判断。

- 督导的临床专长，通常包括流派与疗法上的专长、擅长的人群、擅长的临床议题、擅长的设置。咨询师需要根据自己的流派偏好和未来的发展倾向选择具有与自己偏好相近、具有相应临床专长和经验的督导，从而促进自己的临床发展。

- 督导经验，有别于临床经验的独立考量项。在咨询初期，选择懂得如何督导，而不仅仅是懂得如何咨询的督导是一件很重要的事，而随着咨询师逐渐发展，督导临床经验的重要性则会逐渐上升。

- 个人风格，存在于来访者与咨询师之间，也存在于受督与督导之间。除了在初次面谈时"感觉"彼此是否合适，受督还可以主动询问督导的个人风格，来找到与自己"匹配"的督导，知道自己即将走入的关系，以及合作的人。

## 与督导有效合作

- 在临床督导工作中，督导实际上同时扮演三个不同的角色：教师、咨询师和顾问，各自对应督导中的教学模式、咨询模式和顾问模式。受督与督导是否有效合作会影响其临床问题的解决以及临床能力的发展。

- 教学模式，多应用于对新手咨询师的督导，督导往往会采取"直说"的方式，为受督建立起临床实务中的基本常识和架构，但这一模式容易使受督产生惰性。因此，受督需要有意识地改变自己的学习方法，主动思考和反思，并与督导讨论，从而更快地成长。

- 咨询模式，在受督可能由于与来访者的互动或执业中的一些困难而情绪崩溃时采用的一种暂时的互动。在这个模式上出问题的受督通常表现出拒绝讨论任何主观体验和内在感受，或者将督导与咨询混淆。无法驾驭督导关系，使受督在驾驭咨访关系上面临更大的挑战。

- 顾问模式，临床督导中相对进阶的模式，通常在受督临床时数超过 5000 小时后被采用。在这种模式中，督导会像同辈一样与受督探讨问题，鼓励受督作为独立的咨询师发表观点，发展自己的视角和手法，使受督开始尝试发展适合自己独特特质的干预方式。

## 第八章　发展临床专长

- 专长化是咨询师临床进阶发展中常见的发展方式，也是执业发展到一定程度后出现的自然现象。几乎所有长期执业的咨询师都拥有某些临床专长，而一个临床经验丰富的咨询师也一定明确知道自己擅于做什么、不擅于做什么。

### 临床专长发展的原因和阶段

- 咨询师发展临床专长的过程，通常是个人兴趣、工作内容、市场需求和学习资源相结合的过程。除了少数咨询师从一开始就确定了自己感兴趣的方向，并坚持不懈地向着专长方向努力以外，很多人其实更多是在外界影响和自己不断尝试中，逐渐形成专长的。

- 咨询师的临床专长发展通常会经历探索、发展、确立、专家四个阶段，在发展临床专长的过程中，咨询师需要关注自己的发展需求与胜任力之间的平衡，并从来访者身上不断学习对该问题理解的深入和细致程度，基于来访者对干预的真实反应以确定可靠有效的方法。

### 临床专长的弊端及应对

- 受专长局限，在临床工作中出现"拿着锤子的人，看什么都像钉子"的问题时，咨询师需要从根本上挑战自己临床思维、放下自己临床专长的机会，也需要在临床上和在生活中，走出自己职业定位舒适区的经验，尤其是那些临床时数在 5000 小时以上的咨询师。

- 对特定能力出现过度使用和损耗时，咨询师需要出于临床有效性和个人健康的考虑，及时注意自己临床专长可能带来的负面影响，并对症下药。

## 第九章　实践中的伦理

- 临床实践中总会出现一些伦理挑战，需要咨询师结合实际情况具体判断和操作。在咨询实务中，主要有两个影响咨询师实践伦理的普遍因素：咨询师的专业胜任力和其对伦理价值的评价及思考。

### 伦理的实践以专业胜任力为基础

- 咨询师的专业胜任力是咨询伦理的一部分，在临床实践中会通过影响咨询师的临床判断，进而影响咨询师实践伦理的能力。

- 只有广泛提升自己在诸多临床议题上的基本认知和专业胜任力，培养多元文化价值的适应能力，发展对咨询领域及自身更广泛、全面、真实的了解，以及寻求恰当的培训和督导这样的专业发展活动，才可以为咨询师伦理实践打下最坚实的基础。

### 认同伦理的价值，才会用心维护

- 除了实践伦理所需的专业胜任力问题，一个人如何评价伦理，又如何思考伦理也会影响人们去实践伦理。

- 只有一个人深刻意识到，遵守伦理对自己的执业水准和身心健康的重大益处，并真心认同，才会在面对挑战时尽一切可能去维护它。这种对于伦理价值的评价及思考需要由个人独立完成。

执业发展之路

市场宣传

管理运营

商务规划

临床挑战

成功
执业

执业发展篇

◀ 咨询师的不同工作状态

▼ 走向就业市场

▼ 独立私人执业

爱与工作……工作与爱，就是
生活的全部。

——西格蒙德·弗洛伊德，
精神分析学派创始人

# 10
## 第十章
### CHAPTER

▼

# 咨询师的不同工作状态

　　虽然同样被称为咨询师，但不同咨询师之间的工作状态有着天壤之别。咨询师可以在完全不同的机构和设置，做内容和强度完全不同的临床工作，并且每周的临床工作时长也相差甚多。可以说，不同咨询师之间可以有截然不同的工作模式和生活状态，而这又反过来影响咨询师的临床发展和个人成长。

　　在本章中，我们会首先聚焦于咨询师的周个案量，即咨询师每周会见多少个来访者、大约多少小时<sup>⊖</sup>。**咨询师的周个案量在很大程度上决定了咨询师的临床投入程度和临床发展速度，也间接影响咨询师的身心状态和执业方式，并且与咨**

---

⊖　此处默认绝大多数咨询师一个个案就是一个小时，是一一对应的，所以大多数情况下，咨询师的周个案量与周临床时数相等。

**询师的个人特质和定位有着潜在关联。**

因此，我们可以暂且将之作为一个代表性指标，用以探讨从临床工作角度而言，咨询师常见的几种执业状态。在后面的章节中，我们还会就影响咨询师执业的其他不同侧面进行讨论。

## 执业发展的起跳点：周个案量 ±5 小时

每个咨询师都是从每周 5 个个案左右开始的。事实上，大多数咨询师都是从每周一两个开始的，逐渐增加到四五个，然后更多……所以，**每周 5 个个案是所有咨询师的必经之路，也是所有执业发展的起跳点。**

### 新手咨询师的起步个案量

对于刚起步的新手咨询师而言，一周 5 个左右的个案量实际上是相当饱和的。由于咨询师对咨询室中发生的一切都不甚了解，每次咨询就像是照着课上老师提供的地图去新大陆探险：每个转角或通路都充满了未知的风景，每句与来访者的沟通都可能带来意想不到的结果。

咨询师小心谨慎，但还是有可能走两步就撞上了南墙，而且不知道自己是怎么撞上的。此时，咨询师需要立刻从自己存货不多的大脑中想出办法来脱困——毕竟来访者正看着你，而你总不能干坐在那里。这样的咨询对咨询师的认知和情绪资源消耗巨大，经常一两节咨询就疲倦得不行。咨询师会第一次体验到所谓"咨询师的累"。

那并不是单纯的体力不支或用脑过度，而是一种身心全方位的耗竭（就像运动员去打比赛，两个小时就好像把一天的精力抽干了一样，并且余韵不断，一时很难恢复）。尤其在面对有挑战性的来访者时，咨询师很难快速自我调适，也很难适应这种持续的人际紧绷状态，因此常常在不知不觉中耗尽自己，离开咨询室的时候感觉整个脑袋都在嗡嗡作响也是有可能的。

不过这个阶段很快就会过去。**通常几百个咨询小时之后，大多数咨询师就会对咨询的常见流程有基本认知，开始熟悉基本咨询反馈技术，并逐渐找到自己作为咨询师最初步的自我感（sense of therapist self）**。此时单节咨询的消耗会迅速下降，而咨询师也准备好向着更高的个案量发展了。

## 成熟咨询师的基本个案量

除了新手咨询师，其实还有许多咨询师每周的个案量也是5个左右，而这就是多种原因形成的了。

有一部分咨询师仅将心理咨询作为副业或调剂；或者可能在其工作岗位内容中，心理咨询仅占很小的比例；又或者咨询师可能有心理咨询工作以外的其他事务（比如家庭原因、身体原因等），没有时间去做咨询……咨询师安排给心理咨询工作的时间少，个案量自然也不可能多。

对于成熟咨询师来说，个位数的个案量对其的影响与新手咨询师也完全不同。如果说5个个案对新手咨询师是一种挑战，那对成熟咨询师则在舒适区内。只要个案不过于困难，成熟咨询师通常能够较平稳自如地完成咨询工作，有时咨询工作甚至可以成为他们日常工作生活中的一种调剂。

不过，**较少的个案量也意味着较慢的临床发展，周个案量少首先就意味着专业练习量少，并且随着咨询师咨询经验的积累，个案积累对咨询师临床发展的边际效应还会递减。**因此，对于相对成熟的咨询师而言，企图依靠每周 5 个左右的个案在专业上有进一步的发展，其实是一件颇为艰难的事情。

## 只能接个位数个案的咨询师

另外，也存在一部分"只能接个位数个案"的咨询师，即咨询师接了超过个位数的个案就感觉"受不了了"，或者不论怎么接，最后个案量都会掉到个位数。这种情况通常意味着两种彼此相关的可能性。

第一种是咨询师的自我强度严重不足，在面对临床中的人类痛苦和关系挑战时，其自我承受不了这种压力，快速耗竭，所以可能一天接两个来访者就感觉承受不住了。

第二种是咨询师有严重影响专业胜任力和咨访关系建立的个人议题，这就导致咨询师非常"挑"来访者，只有特定类型的来访者能与咨询师维持工作，并且咨询师可能会无意识地抵抗与超出自己心理承受能力的来访者工作。

两种情况下，都可能出现来访者反复因各种原因脱落，或者咨询师总被各种外务分散注意，无法集中精力做咨询的情况。而最终结果，就是咨询师的个案量长期稳定在其心理结构能够支撑的个位数上。

这两种情况暴露的问题都是咨询师"人"的问题，与学习和培训没有必然联系。**原则上，遇到这类问题的咨询师只**

**有在个人体验中"修通"自己，专业胜任力才能提高，咨访关系才能建立起来，从而增加个案量。**

但个人体验相较学习培训要不可控、不确定得多，因此这个过程常常比咨询师一开始想象的要艰难漫长。而且，在国外的临床培训项目中，也存在个人议题特别突出的咨询师在实习阶段被识别出来，并被劝离咨询行业的情况。

---

### 自我强度

在之后的章节中，可能会反复出现自我强度这个词，为了读者方便，在此做一下总体解释。

自我强度（ego strength）是一个源自心理学科的词，最早出现在精神分析中。在经典精神分析中，自我强度代表了自我有效应对本我、超我和现实要求的能力。

而如今，这个词就像许多早期精神分析词语一样，被赋予了更广泛的意义。**自我强度大体指代一个人在面对痛苦、冲突、挑战时，保持稳定一致的自我感（sense of self），或说自我认同（self-identity），并基于这种稳定的内部核心应对内外压力的能力。**

自我强度与抗压能力和心理弹性有一定相关性，但不完全相同。抗压能力强调一个人的压力耐受能力（不论这种耐受是通过何种方式达成的），心理弹性强调一个人在面对挑战时灵活迅速的反应能力，而自我强度则更强调在所有挑战情境下，一个人对自己始终保持稳定一致的"自我"的清晰认知和稳定认同。

---

自我强度

自我强度高的人，在面对复杂多样的外部挑战和内心冲突时，通常能够较为平稳地自处，并因而能够更有效地应对；反之，自我强度较低的人，则可能缺乏稳定一致的自我感（这可能是自我发展不足、自我内部冲突、自我认识模糊等各种原因造成的），从而使其面对外部挑战和内心冲突时，更易茫然无措，或者采取僵化、退行的方式解决问题。

由于自我强度反映的是一个人整体的自我认知、自我认同和驾驭自我功能的能力，作为一种核心特性，它其实会影响一个人生活的方方面面——咨询师在咨询工作对自我的应用和对自我强度的需要，只是其中的一个方面罢了。

具有较高自我强度的咨询师通常可以接更多的来访者，做更复杂的临床工作，面对更严重的个案，而不那么容易感到压力过载；反之，自我强度较低的咨询师则可能会感到难以忍受临床工作带来的压力，畏惧来访者带来的负面体验和影响，在面对挑战时缺乏内在资源，因此难以胜任那些高强度、高难度的临床工作。

毕竟，来访者来寻求帮助时，已然是在风中摇曳了，如果咨询师自己站不稳，两个人一起被吹到天上，那也就谈不上谁帮谁了。

## 发展中的"兼职"执业：周个案量 ±15 小时

每周 15 小时是典型的"兼职"咨询个案量，也就是说大体上一周有十几个个案，工作 3 天左右。对于全身心投入临床工作，且在临床和个人方面都没有明显短板的咨询师而言，这个阶段可以相当短暂。

## 过渡阶段的个案量

一两年内，基础良好的咨询师就可以从每周 5 个来访者，发展到每周 20 个来访者以上。对她们而言，每周 15 个左右只是一个过渡，或者可能是每年恰好来访者比较少时，休息调整的阶段。

不过即便发展顺利，在从每周 5 个左右，发展到十几二十个的过程中，咨询师通常也会经历一个短暂的不适阶段。可以想象，每周 15 个来访者是每周 5 个来访者个案量的 3 倍，如果超过 20 个，那就是早期个案量的四五倍了。

个案量的陡然上升会给咨询师的心理和生活都带来一系列的冲击，咨询师可能突然因来访者多样且巨大的需求而感到心理压力巨大，但由于临床工作挤压，咨询师无法像原来那样拥有充足的时间去放松调适了。

**这是对咨询师临床能力和自我功能的挑战，咨询师需要经历一些外部调整和内在变化来成功适应**。这个过程可能包括：

▸ 在不丧失情绪敏感性的前提下对人际压力的减敏。

▸ 对人类普遍痛苦的熟悉、接纳和耐受。

▸ 对个人压力反应的快速识别和应对。

▸ 根据现实情况调整工作方式、方法。

▸ 在工作和生活之间找到新的平衡点。

…………

一旦成功跨越这个阶段，咨询师原则上就具备了发展至全职执业的内部条件，最终是否发展为全职，则只是个人意愿和环境条件的问题了。

## "兼职"咨询师的个案量

除了仅将周个案量 15 小时作为过渡状态的咨询师，市场上也存在大量长期处于这一工作状态的咨询师。**除了一些在机构全职工作，每周只被安排十几个来访者的咨询师以外，停留在这一个案量上的多数咨询师的自我定位就是"兼职"。**

人们选择兼职的原因多种多样，不过总体来看，多是因为有其他事务要完成，比如：

> ▸ 有些咨询师在参加强度很高的专业培训，一周光听课、看资料、做作业就要花两三天。
>
> ▸ 有些咨询师家中有老人或孩子要照顾，每天的家务或接送就已经占去大半时间。
>
> ▸ 有些咨询师的工作岗位包含其他内容，比如教学科研、行政管理等。
>
> ▸ 还有些咨询师可能在发展咨询之外的"第二产业"，或者原本就有多份职业（在咨询师群体中，"斜杠青年"是很多见的）。

在有其他事务的情况下，通常一周超过 10 个来访者，工作量就不少了。因为 10 个来访者所占用的咨询师的心理资源，是远超过 10 个小时的。

不仅如此，由于咨询对咨询师状态有独特要求，如果咨询师的其他事务与咨询的工作性质差异较大，咨询师还需要花相当大的力气来调整自己在咨询中的状态，否则就可能会一不小心将其他工作的状态带入咨询中。比如科研工作强调头脑分析，项目管理重视问题解决，科普讲座则注重信息输出……如果咨询师无意识地将这些状态带入咨询中，就可能影响咨访关系的性质和咨询工作的质量。

当然，如果咨询师所从事的其他事务刚好训练或弥补了其在个人特质上的一些短板，比如平时不接地气的人做了具体的事务性工作，逻辑思维相对欠缺的人做了研究性工作等，那么这些工作中的训练也可以反哺咨询师，平衡和支持其在咨询中的表现。

### 个案量上不去的咨询师

如果咨询师给自己的定位是"全职"，但是始终没有办法超越兼职的个案量，或者虽然有全职的客观条件，却始终徘徊在兼职状态，则可能存在"个人原因"。

正如前文所述，咨询师的执业发展和个人成长之间是有关联的，每一种强度更大、复杂性更高的工作状态，对咨询师个人都有更高的要求，也更可能触发咨询师的个人议题。

**个案量上不去的个人原因多种多样，但最常见的还是自我强度不足，即咨询师主观上感觉自己"承受"不了更多的个案了**。此时，可能涉及一些与之相关的个人议题，包括童年期发展议题（尤其是在 3 ～ 7 岁发展对自己能够驾驭的事物"量"的自信时受阻）、畏惧承诺和责任、害怕失败和丢脸、歧视性的自我性别角色定位，以及更深层次的依恋问题，等等。

这类咨询师一边热衷于临床工作，一边到个案量进阶的时点又会退缩下来，找到自己还没有准备好的理由，或者突然发现其他转移视线的事务，觉得没有必要做那么多临床了，因而有意无意地限制自己在临床上能够投入的程度。如此反复，周而复始。

对于他们而言，更多的个案量无疑突破了某个心理舒适区，而如何健康适当地突破这个舒适区，在更广阔的天地里找到自己的自信和安全感，就是他们执业进阶的必修课了。

## 长期全职临床工作：周个案量 ±25 小时

**一旦每周的个案量达到 20 个或更多，咨询师就进入了全职的执业状态。**不论这 20 多个来访者是机构安排的，还是私人接到的，完全可以说咨询师是一位临床工作者了。

### 以临床疗愈为主轴的职业生活

虽然同样是做临床工作，但全职与兼职之间，不论从工作强度，还是咨询师心态方面，都会有所不同。

在兼职状态下，咨询师在一定程度上可以用其他事务来转移注意力或缓冲咨询工作中的压力，咨询师的其他工作和业务也可以作为一种潜在的"plan B"，为其提供某种咨询工作之外的余地和退路。

但在全职状态下，咨询师就不再有"plan B"了，不存在"东方不亮西方亮"，临床工作必须得"亮"，因为它就是咨询师职业工作的主体。而面对临床工作中的种种压力和挑战，全职咨询师也不得不直面困难，想方设法、竭尽所能地去解决、提升，以达到工作和市场的要求。

有时候，对于全职咨询师而言，能力是逼出来的：

- ▸ 遇到困难复杂的个案，只要在伦理允许范围内，就要尽量承接，否则能力和收入就无从提升。
- ▸ 即使同时与大量、多样的个案工作，也需要掌握驾驭之道，尽可能在每个个案中保持相对稳定的专业输出。
- ▸ 即便个案给自己带来巨大冲击，也要迅速调适，因为接下来可能还有一整天的临床工作。
- ▸ 对于自己还不擅长的领域，如果市场需要或在临床中出现，就要尽快在督导的协助下学习应对。

…………

在这个层面上，全职执业其实也可以被视作一种独特的高强度临床训练，即通过面对层出不穷的临床挑战和现实压力，以及实践中的种种考验和磨炼，咨询师得以在专业上日趋成熟。私人执业尤其如此，但即便是在机构中全职执业，其对咨询师的磨砺也是全方位的。

基于这一基本设定，咨询师的职业生活常常会完全基于其临床工作展开。咨询师会首先确定自己每周的工作时间，然后在其基础上安排培训、社交、家事等。

除了个人生活以外，咨询师的所有职业投入都指向其临床发展，即使在业余时间，咨询师参加的不少活动也是为了其临床能更好地发展。尤其在私人执业中，工作和生活的边界会变得模糊。**咨询师就像踏入了一个以临床疗愈为主轴的职业生活之流中，在自己的努力和事业本身的推动下，不断顺流向前。**

## 临床能力和自我强度成为影响因素

长期维持全职临床工作需要相当程度的临床能力和自我强度。全身心地投入咨询工作意味着咨询师与临床工作之间不再存在任何缓冲，临床工作的压力会直接影响咨询师的职业和个人生活，而更多的工作量也意味着更高的挑战。

咨询师在临床与个人层面会受到全方位的检验，因此在进入全职工作的前两三年中，咨询师几乎总会遭遇一些临床困境或个人议题，并发现自己在临床能力或自我功能上一些难以忽视的短板。只有积极解决这些问题，咨询师才能在全职执业上有长足、稳定、健康的发展。

私人执业咨询师在这方面发展上具有一种相当微妙的优势。由于在私人执业中，临床能力和自我强度不足可以直接导致个案量不足，这就使没有准备好的咨询师更难长期维持全职工作的状态，并且一定程度上可以通过个案的状况得知自己目前的发展情况。虽然这个机制在短期内对咨询师的经济收益不利，但对于真正想要长期投身临床工作的人而言，颇有裨益。

对于在机构工作的咨询师来说，情况就未必如此了。不论咨询师临床上能不能胜任，主观上受不受得了，机构都可能源源不绝地给咨询师输送来访者。尤其当咨询师完全受雇于机构时，咨询师很难自主决定自己的工作量，而是由机构安排的。如果机构季节性地来访量激增，也只能硬塞给目前已有的咨询师消化，因此咨询师也可能被迫超额工作（这种情况在咨询服务高度机构化、普遍化的国外并不少见）。

当咨询师的临床工作强度超出其临床能力和自我强度时，**就可能产生临床耗竭。咨询师可能会出现一些身心症状，在临床工作中也缺乏热情。**如果长期处于这种工作状态下，咨询师就可能逐渐变成一台"没得感情的咨询机器"，即心理咨询中"人"的部分逐渐被剥离，咨询师变得习惯于采取情感隔离、机械化、程式化的方式进行干预，并寻求那些可以绕过咨访关系、避免深入情感联结的工作方式，以减少身心压力。这方面我们在第十四章还会深入讨论。

### 可以超量工作的特殊情况

对于绝大多数咨询师而言，每周的个案量都不能超过 30 个。事实上，一周做超过 25 个来访者的临床工作，对于大多数咨询师来说压力都已经非常大了。用我一位同事的话说就是："回到家除了睡觉，什么也干不动了。"

我曾经就超量工作询问过我的第一任督导，他表示"在短期内咨询师确实可以维持这样的工作量，但如果连着搞一两年，咨询师早晚把自己送进医院"。他也提醒我，为了职业的长期发展，不要铤而走险，突破个人身心承受范围。而我也亲身试验过了，确实不行。

不过也存在几种特殊情况，咨询师可以在保证自身健康的状态下达到甚至突破每周 30 个个案的限度。我目前见到过以下几种情况：

> ► 进行高频的精神分析，在这种情况下，咨询师虽然一周工作了 30 多个小时，但可能只见了十几个来访者，所以时长虽长，个案量其实不大。

▸ 主要进行短程心理教育式的工作，这类工作不使用咨询师的自我，相比咨询，有时反而更接近教学，因此对咨询师身心损耗相对较小。

▸ 在咨询师个人身心条件和外部支持环境都特别优越的极少数情况下，咨询师可以安全地做更多的工作，但对大多数咨询师而言，这并不是在现实中就能够实现的情境了。

在思想领域里，一切都取决于热情。在现实世界中，一切都取决于坚持。

——约翰·沃尔夫冈·冯·歌德，诗人

▼

# 走向就业市场

　　虽然大众对于心理咨询师的刻板印象大多是影视剧中开办个人工作室、私人执业的咨询师，但事实上有很大一部分咨询师是在组织机构中就业和执业的。企业、医院、学校、社区、公益和福利机构等，都可以是咨询师的就业方向。另外，也存在相当一部分人在受训后没有继续心理咨询工作，而是从事了心理学相关的其他工作。

　　在本章中，我们会讨论一些受过咨询训练的人常见的就业方向，以及在这些方向上的一些相关考量因素。这些因素中既有一些我对国内当前情况的观察，也涉及一些来自国外的经验。我想，虽然一些国外心理市场的情况还未在国内全面出现，但当国内心理市场进一步发展后，相关组织的形式和运作模式很可能会逐渐向国外成熟市场的情况靠拢。

为了讨论方便，我会暂时把心理咨询受训者常见的就业方向分为以临床为主的就业、以非临床为主的就业、纯粹私人执业三个方向。

- ▶ **以临床为主的就业**：当事人在工作中至少有一半或以上的工作时间和精力，是放在临床实务上的。
- ▶ **以非临床为主的就业**：临床工作在当事人的工作任务中少于一半，仅居次要位置，也可能完全没有。
- ▶ **私人执业**：当事人没有工作单位，完全以私人的方式服务来访者的形式。

## 以临床为主的就业

如果以临床为主到机构求职，也就意味着当事人应该是对临床比较有热忱，以临床为优先发展的人群。因为相比非临床为主的工作，临床工作开始初期收入与福利可能相对更低。咨询师在没有太多经验时可选择的职业入口也偏窄，除非进入编制，否则工作压力不小，工作稳定性却不高。面对所有这些不利因素，仍然毅然选择以临床为主的工作，那应该是相当偏好临床工作本身了。

由于每个机构的组织结构、岗位安排多有不同，工作内容是否以临床为主实际上并不能从岗位名称是不是咨询师分辨，而需要详细询问用人单位或者该单位其他工作人员的实际情况。

事实上，在整个求职过程中，咨询师最好将各个方面都问清楚。因为除了专业心理咨询师以外，社会上大多数人对心理咨询的认识仍是非常多样、混乱的：**用人单位以为的"咨**

询"，并不一定是求职者以为的"咨询"；用人单位理解的"临床"，也不一定是求职者理解的"临床"。只有详细问清工作内容、工作设置和用人单位的期待，才能避免在求职中走弯路。

以临床为主的求职者可能选择全职或兼职，但不论是哪种选择，在求职时除了一般会考虑到的收入与福利、地理位置、工作内容以外，咨询师为了个人的临床发展和自己在临床工作中的安全福祉，可能还会有一些基于临床工作的考量因素。

以下是一些常见的考量因素：

▸ 临床工作内容与强度。
▸ 临床支持程度。
▸ 临床发展空间。

接下来，我们看看这些因素对咨询师临床与职业发展的影响。

## 临床工作内容与强度

临床工作内容与强度是咨询师首先要考虑的问题，因为这涉及咨询师未来的职业发展方向。机构临床工作的内容未来很可能成为咨询师的专长，咨询师也只有在做自己感兴趣的工作内容时才更容易精益求精。而临床工作的强度则会影响咨询师临床发展的速度，毕竟临床时数的积累和临床能力的提升还是紧密相关的。

### 临床工作内容

咨询师显然会尽量选择自己感兴趣的临床工作内容来找

工作。不论咨询师偏好什么人群或者议题，通过机构工作内容发展临床专长都是最为轻松便捷的方式。

机构工作是接触困难个案的良好平台。一旦进入私人执业，咨询师的风险承受能力就会下降，因此有经验的咨询师在接案方面必然趋向保守。而在机构工作时，虽然咨询师仍然是主要工作者，但风险是可以在机构中多点分散承担的；在一些大型医疗机构中，还存在治疗团队和多样化的支持性团队，进一步分散了每个临床工作者的执业风险。

因此，在机构中接触高危个案，磨炼这方面的技术，是远比在私人执业中要稳妥得多的。

### 临床工作强度

临床工作强度也是咨询师需要考虑的因素之一，当然这一点需要结合该机构的个案难度、个案数量，以及咨询师的专业胜任力和自我强度综合考虑。

很多时候初入职场的咨询师并没有很多机会对工作挑挑拣拣，但在入职之前至少也需要对未来的工作强度有所预估，并做好相应准备，避免临床耗竭（这一点我们在第十四章还会讨论）。

### 临床工作的实际占比

在找临床岗位时，咨询师也需要详细询问该岗位中临床工作的实际占比。

在许多机构中，心理咨询师不仅是"咨询师"，还是该机构主要的"心理工作人员"。所以咨询师不仅负责咨询，可能还负责做活动、办讲座、做筛查、写报告、管理心理项目、对接心理机构，等等。这些任务多了，咨询时间自然就受到了挤压，咨询状态也受到影响，咨询师甚至可能在不知不觉间，就永远离开了临床。

## 临床支持程度

临床支持程度也是关乎咨询师工作体验和临床发展的一个很重要的参考因素。在临床支持较好的机构中，咨询师的工作压力更小（即使工作量和工作难度并不小），临床发展更顺遂，每日的工作体验也更好，而咨询师是否能得到较好的临床支持可以从很多角度看到。

### 上司对临床工作的重视和了解程度

如果上司本身重视临床，那么机构资源就会向临床岗位倾斜，如果上司很了解临床，那么这种倾斜还会很到位，而不是上司认为"都做了"，但咨询师感觉在"喝西北风"。

尤其在危机处理上，不了解临床的上司很可能会给咨询师制造额外的压力和风险，而了解临床的上司则可能与咨询师共同解决问题，大事化小，小事化了。

### 机构为咨询师提供的支持性服务

机构提供的支持性服务主要有：是否提供团体督导、是否提供个体督导、是否提供培训经费、是否提供法律援助，等等。

显然，在不同的就职状态下（比如全职与兼职显然不同），机构提供的支持不可能都一样，但有一定支持本身就意味着机构对临床工作是有所了解的，在未来的工作安排和沟通上，也更容易合理一些。

机构文化

咨询师并非在真空中工作，机构的氛围会影响咨询师的状态和发挥。

如果机构本身的氛围与心理咨询中人本、支持、疗愈的氛围近似，咨询师就会自然而然感到受到支持；反之，咨询师则更易处于一种分裂状态下，在咨询内外难以统一，此时客观条件再好，主观上咨询师也可能快速耗竭。

## 临床发展空间

所谓咨询师的发展空间，更多指的是咨询师可以多大程度上接触到多样化的个案（包括人群、议题、咨询长度、所需干预等），能够使用或学习多少不同的疗法，或者在临床干预中有多大的主导权，以扩大自己的执业范围、深化自己的临床能力。也就是说，该岗位为咨询师的临床发挥和发展提供了多大空间。理论上来说，临床发挥和发展的空间越大越好，不过具体情况也要因人而异。

相比其他职业，心理咨询职业的上升路径非常不清晰，甚至可以说没有什么客观的晋升路径。咨询师在积累经验后当然可以成为督导或者培训师，但严格而言，督导和培训并非临床实务，而是与临床相关的两类其他工作。

在临床层面上，咨询师之间不存在客观的等级制度（而且由于临床世界的多样性和复杂性，这样的等级制度可能也不能可靠反映咨询师的实际情况），这就意味着并没有什么临床意义上的"升职"存在。

### 机构中的发展空间限制

**通常，在越系统化、规模化的机构中，咨询师临床发挥的空间就越小。**这是由于为了节省经费和高效管理，大型机构的运作方式通常是高度标准化的，而标准化的根本就是"掐头去尾凑中间"，即"个人表现优秀"远没有"全体表现平稳"重要，机构需要保证员工的高度可替代性，以避免因为任何个人发挥或离职造成的运营风险。

因此，在这样的机构中，咨询师的工作内容和工作方式常常是被高度限制的，比如只能做短程咨询，只能用特定疗法，稍微出现一点情况就得转手给其他专业人员。

### 进阶咨询师可能会转向私人执业

对于初入职场的新手咨询师而言，工作受到高度限制未必是一种不好的设置，这些限制可以避免咨询师在岗位上犯一些低级错误，并更快地上手临床工作。

但对于处于进阶水平的咨询师而言，这些设置则可能成为看不见的墙，遮蔽其临床视野。到时，咨询师可能就需要换工作，或者转向私人执业。

事实上，在国外，咨询师在机构执业一段时间后转向私人执业是一种相对普遍的现象。这不仅仅是因为在机构中咨询师发挥的空间有限，也是由于客观上，咨询师在机构中没有更进一步的晋升路径了。

一个机构能够提供的岗位，是由其组织架构和组织性质决定的。如果机构的组织架构中不存在上一级的临床岗位，那么要升职、获得更好的薪酬和福利，咨询师就只能根据组织性质，向教学科研、行政管理等工作方向转岗，逐渐脱离临床；而仍希望以临床工作为主的咨询师，就可能慢慢转向私人执业。

## 以非临床为主的就业

并不是每个学习心理咨询的人最终都要成为咨询师、从事临床工作，即使在国外，咨询硕士在毕业后的执照率常常只有百分之六七十（也就是说有百分之三四十的人在接受了系统的咨询基础培训后，很可能没有从事咨询工作），咨询博士的执照率虽可以达到百分之八九十，但许多博士的工作方向可能是科研、测评和教学，即使拿到执照，也不一定会做多少咨询。

因此，受过咨询培训但没有做咨询，其实并不少见。这个基数在国内可能还要高得多，因为很多人学习咨询可能仅仅是出于个人兴趣、心理需要，或者是作为职业发展的"plan B"，一开始就没有打算立刻成为咨询师。即使在原本打算成为咨询师的人群中，可能也有很多半路出家，客观主观条件都不具备的学习者，或者学到一半发现和自己想得不一样的学习者。

对于这些人来说，临床实务未必是最好的出路，其他与

心理相关，但更稳定、更常规或者更符合个人需求和兴趣的
工作，可能是更加合适的。

以下是一些常见的非临床为主的就业方向（不同岗位可能
需要不同的背景和资历）：

> ▶ 各级学校的心理课老师和辅导员。
> ▶ 心理机构的管理和运营人员。
> ▶ 心理媒体或自媒体的创作者。
> ▶ 互联网公司的用户与市场部门职员。
> ▶ 教育和文化机构的培训师和课程研究员。
> ▶ 企事业单位的行政和人事工作者。
> ▶ 高校的心理科研和教学工作者。
> ▶ 社区街道的管理和服务人员。
> …………

**绝大多数需要心理学知识和人际沟通技能的岗位，都是
心理咨询受训者可以考虑的方向。**

虽然这些工作并非以咨询为主，但同样可以给他人的心
理带来积极的影响，甚至为心理咨询行业本身的成长发展添
砖加瓦。不仅如此，其中不少工作还比临床工作更稳定、压
力更小，或者行业更成熟、社会接纳度更高，有些也可能收
入更高、福利更好，或职业发展路径更加清晰……简单来说，
每种工作都有自己的优势之处。

当然，每种工作也都会有一些自己独特的要求，而求职
者则可以根据自己的背景和兴趣与之匹配，或者在咨询学习
之外参加一些额外的培训和实习，以达到入职的门槛。

另外，也存在一些原本对临床充满热忱，却稀里糊涂或

者迫不得已走进非临床岗位的人。在整个社会工作压力偏大的客观情况下，在非临床岗位上发展临床是一件相当不容易的事情。他们常常采取的策略，是在工作之外接少量私人咨询，以保持咨询状态，并等待机会与决断的时刻到来——有些时候他们可能最终决定离开所在岗位，回到临床的世界中；也有些时候他们则终于放下了对临床的执着，选择在其他职业道路上披荆斩棘。

## 私人执业

私人执业是许多人憧憬中的咨询师的工作状态，也是在所有执业方式中，回报最高、临床发展空间最大、最自由自主的一种执业方式；但与之相对应的，**私人执业也是所有执业方式中，临床挑战最大、风险最高、对咨询师综合素质要求最全面的执业方式。**

在这一节中，我首先会基于我个人相对比较熟悉的北美情况，聊一聊国外的咨询师究竟是怎么私人执业的，以及咨询师的个人业务是基于怎样的体系在运营。然后我们就可以对比着谈一谈，国内的私人执业究竟是一种怎样的工作，以及这种执业方式的特点。

### 与保险公司合作的私人执业

在影视剧中，私人执业的工作场景经常被描绘成来访者通过别人介绍或随机搜索，找到一位自己觉得适合的咨询师，然后与之展开工作。咨询师仅在咨询室内与来访者发生联系，而来访者则像是"原地变出来的"。现实世界显然不可能是这么理想、随机的。

事实上，在国外，一半以上的私人执业咨询师并不是在自由市场上接到来访者的，而是以保险公司或针对企业的咨询外包服务公司为媒介接到来访者的。这里我们就以最为普遍的保险公司作为例子，聊聊这种咨询业务的运行模式。

### 与保险公司合作的模式

在国外的医疗保险体系下，保险公司（或者负责公共保险的政府部门）在所有医疗领域都有一系列的指定列表，这有点类似于我们的定点医院。消费者去这些定点医院看病就可以轻松报销，如果不去定点医院，就有可能很难报销，或者完全无法报销。

在精神卫生领域也是如此，保险公司会有一个当地指定的精神卫生专业人员列表（包括私人执业的精神科医生、心理学家、心理咨询师、社会工作者等），咨询师只有从这个列表上选择服务人员才能顺利报销。每家保险公司都有自己的指定列表，而只要咨询师登上某家保险公司的列表，自然会不断有只能用这种保险来报销的来访者前来咨询。

在保险公司和咨询师之间，这个指定列表则是以商业合同的形式存在的。当保险公司认为自己的指定列表里服务人员不够了，就会开放申请，咨询师就可以申请登上列表。

通过审核后，保险公司就会给咨询师一个定价，并规定保险公司和个人分别付的价格。比如保险公司认为咨询师的一次咨询值170元，并规定由保险公司支付120元，来访者支付 50 元，那么以后每一个购买了该保险的来访者就都是这样的价格和支付比。

咨询师没有自主定价权，并且相比临床能力，保险公司给咨询师的定价更多依赖于纸面上的学历和资历。毕竟，也不可能要求保险公司一个一个去考核临床专业人员的操作水平，那么按背景资料"对号入座"就最便捷了。

保险公司介入的影响

随着保险公司这个第三方的加入，心理咨询的性质和操作也会发生微妙的变化（如果有意观察，保险公司带来的影响在国外心理咨询行业本身的发展变化中也能观察到）。

**第一，调用来访者隐私**。比如为了核保，保险公司显然有权调用来访者的治疗计划和临床记录进行阅读审核，这并不需要来访者知情同意，或者说来访者在使用保险时就已经放弃了相关权益。

有时为了保护来访者的隐私，咨询师甚至会把咨询记录写得极端模糊，或者保险公司怎样能够核保通过，咨询记录就怎样写。保险公司复杂的文件要求，经常给咨询师制造大量咨询外的文牍工作。

**第二，限制咨询次数**。保险公司既然参与支付，显然也会对咨询时长有所干涉。大多数保险计划会有每年的精神医疗报销额度，比如一年只能报销 20 次咨询，那么来访者一年就只能看这 20 次，如果多看就得自掏腰包。

我就曾经遇到过来访者每年只能报销 12 次咨询的情况，于是来访者每年看 12 次就会停下来，下一年再重来一遍。显然，不论从咨访关系还是咨询效果来看，这种操作对来访者的康复都不能说是有利了。

**第三，制造三角关系。**对一些注重咨询动力的疗法而言，保险公司的存在本身便在咨询中制造了一个三角关系。来访者、咨询师和保险公司各自都可以跟另两方单独沟通，且沟通结果可能影响到三方，这潜在破坏了来访者和咨询师之间一对一的咨访关系结构，会给动力性和关系性的咨询工作带来不少额外的干扰。

**第四，限制疗法的采用。**既然有指定医疗机构，显然也可以有指定疗法。保险公司经常只保某几种疗法，并且通常来说都是短程疗法。那么，即使咨询师判断来访者的情况更适合长程心理动力疗法，但如果保险公司只保短程认知行为疗法，那就只能做认知行为疗法，而且必须是短程的，至于来访者能从咨询中获益多少，就不得而知了。

**第五，中断保险。**有时候，保险公司还会根据一些指标判断来访者"病得不够重"（比如来访者出现一定的康复迹象），于是就不再续保了。毕竟，不可能要求精算师去评估来访者的状况和干预，结果就只能一刀切。有时，来访者会因此陷入颇为微妙的境地：如果有好转迹象就会丧失医疗资源，而丧失医疗资源又可能导致状况恶化，于是来访者就在好转和恶化之间反复横跳。

**第六，账期与欠款。**保险公司还有账期问题，也就是说咨询师并不是做了咨询就能拿到咨询费，而要在核保完成、到付款账期截止时才能收到款项。如果保险公司因为各种原因拖款，咨询师个人很难推动机构付款。

第七，核保不过。出现核保不过的情况，可能是因为咨询师的一些操作，也可能是来访者方面的问题，甚至是保险公司的政策变化。这种情况下保险公司就会直接拒绝付款，由于保险是咨询后付款，这时候咨询师就是白做了咨询，拿不到任何报酬。

账期过长和核保不过这两类问题虽然不那么多见，但仍能给自负盈亏的咨询师带来很大困扰，所以现在也慢慢出现一些平台，在保险公司和咨询师之间进行对接。

## 完全独立的私人执业

**鉴于医疗保险给咨询本身带来的种种烦扰和限制，当咨询师临床水平逐渐过硬时，就可能会减少接受通过保险公司接到的来访者，也有一些疗法的咨询师从一开始就选择不与保险公司合作。**

我认识的数位优秀的私人执业咨询师是完全不收通过保险公司接到的，或因保险计划制定的报销额度而导致咨询次数高度受限的来访者的。这些咨询师做的，大概才是大家概念中，且与国内情况更类似的"私人执业"。

这样的咨询师并非国外私人执业中的大多数，因为这种完全独立的执业方式恰好是最具挑战性的临床工种之一。不依赖机构背景、保险合同，纯粹独立的全职私人执业，不论在临床上还是经营上，都有很高的门槛。

### 缺少背靠机构的优势

在完全独立的私人执业中，咨询师需要独立为自己的整个临床工作和市场运营负责，在与来访者互动时也不存在机构的倚靠和背书，一切都要用咨询师的个人能力和资源搞定。

在组织化、标准化的环境中，每个人的弱项相对而言都不会那么突出，因为机构会有一系列机制"托起"这些弱项。

▸ 有些咨询师自我驱动力不足，很难主动去接触市场和客户，那么机构可以给他们分配个案。

▸ 有些咨询师组织管理能力不佳，机构和保险公司可以设计一套系统，不论烦琐与否，只要照章办事即可。

▸ 有些咨询师专业胜任力不足，解决不了复杂的问题，也可以在机构中只做较简单的案例，复杂情况则可以转给其他人，或者和其他人合作解决。

…………

**机构的繁文缛节和种种设置是一种双重制约机制，一方面抑制高水平发挥，另一方面避免彻底发挥失常。**

而一旦离开组织化、标准化的环境，每个人的个人特质和优劣势就会凸显出来：

▸ 自我驱动力不足可能的直接结果就是没有来访者。

▸ 组织管理能力不佳可能导致工作安排和文书混乱。

▸ 专业胜任力不足可能不是留不住来访者，就是在临床工作中出问题。

…………

私人执业的高限很高，低限也很低。执业良好的咨询师可以最大程度上个性化地帮助来访者，享受最可观的临床回报（包括经济、临床和心理上的），同时达成自我实现。而执业糟糕的咨询师则可能门可罗雀，举步维艰，甚至直接跌破底线。

### 高张力的咨访互动

比起机构或保险的咨询（这里主要指咨询师受雇或依托于机构或保险接来访者的情况），来访者对私人执业咨询师的期待会更高。

在大型机构或保险参与的情况下，有时来访者实际上在做几乎免费的咨询（比如在大学咨询中心），或者使用政府提供的保险，或者即使付费，自己支付的费用也低于咨询师的报价，或者还顺便享受了机构的其他服务。来访者付出的少些，自然期待也少些。

但当来访者从自己兜里掏钱去全额支付咨询费用时，情况就发生了变化。来访者总会期待咨询师"尽快解决问题"，希望自己的每一分付出都"物有所值"，对不满、不符合期待的容忍度较日常更低，也更易脱落以减少钱包"出血"。

有时候这可以直接导致咨询"没法儿做"（因为来访者的期待过于偏离现实），但在更多情况下，这只是导致咨询师工作压力更大，咨访关系张力更高。咨询师需要殚精竭虑地评估来访者的情况，考虑个性化的干预方案，并大胆又谨慎地实施（因为不论是推得太快还是太慢，来访者都可能不满）。但是，即便如此，咨询师仍有可能达不到来访者的预期。

尤其在完全独立的私人执业中，来访者不是通过任何平台，或者信任任何机构，选择咨询师的。此时，**来访者的期待和信任是完全落在咨询师个人的能力和素养上的，也只与**

**咨询师一个人相联结——这是最经典的咨询设置，但也是压力与张力最大的设置。**

不论咨询中出现任何情况，都不存在辅导员可以通知，前台可以协调，领导可以出面，其他咨询师可以接手……一切都靠咨询师自己，一切都针对咨询师个人。这也是在独立的私人执业中，个人督导和临床支持网络是如此重要的原因。毕竟，和高回报相对的，总是高付出和高挑战。

## 如何从机构工作过渡到私人执业

由于私人执业是一种如此具有挑战性的执业方式，在国外，大多数咨询师都不会在毕业后就直接进入私人执业。她们通常会先进入以临床为主的机构工作一段时间，一边积累时数、打磨临床技术，一边在工作之余慢慢积累私人执业个案。

同时，因为在机构工作和私人执业中，咨询师所做的工作本质上差异不大，所以只要机构工作不是过忙，逐渐积累私人执业个案是完全可行的。当然，在咨询师逐渐胜任私人执业工作后，还是会存在一个"信仰之跃"的时刻——咨询师最终跳出机构系统，投入私人执业未知而广阔的怀抱中。

对于国内的咨询师来说，这种方式却不那么容易实施。因为在国内的大型组织机构中，专注于临床的岗位本身就不太多。另外，即使找到，由于国内的职场环境中，工作时间与私人时间的边界不那么分明，咨询师可能也难以挤出足够的私人时间来培育自己的私人执业，并容易在熟悉单一的环境中逐渐被"机构化"（institutionalized），丧失独立执业的潜能。

　　因此，对私人执业感兴趣的咨询师则更多采取多点执业、多处兼职的方式，即每个机构干一两天，今天去这个大学，明天到那个机构，后天服务那个项目，等等。**用多线进行的方式积累临床时数、发展临床能力，并在这个过程中，逐渐积累私人执业的来访者基数，直至最终慢慢放下其他兼职，完全进入独立私人执业。**

生活并不像我们想象的那样，
它自有其方式。而你对待它的方式，
决定了你生活的不同。

——弗吉尼亚·萨提亚，家庭治疗先驱

▼

# 独立私人执业

在第十一章中，我们讨论了心理咨询学习者不同的就业方向和路径。在机构就业的工作者通常有固定的工作内容和工作方式，机构会给工作者安排一些任务，而工作者的职责就是完成这些任务。而在私人执业中，则没有固定的工作内容和方式，也没有人安排任务。这固然给咨询师的执业带来了很大的自由度，但未知和压力也随之而来。

在这一章中，我们会就咨询师的私人执业展开讨论，聊一聊私人执业咨询师的方方面面、成功私人执业所需的一些准备，以及可以参考的一些策略。

由于私人执业可能在咨询师职业发展的任何阶段，以任何形式出现，为了方便讨论，在这里我们首先会从全职、独立私人执业的角度展开，兼职私人执业、零散接案或者以其他形式私人执业的咨询师，则可以根据自己的情况部分参考本章中的内容。

## 私人执业咨询师的个人特质

咨询师首先是"人"，然后才是"咨询师"。咨询师本身是怎样的人，会影响到其会成为怎样的咨询师（不仅在流派、疗法、人群、议题的选择中是如此，在工作方式和执业状态上也是如此）。**并不是每个咨询师都对私人执业有兴趣，即使有兴趣，也不是每个人的个人特质和专业能力都能支撑起长期稳定的私人执业。**

在这一节中，我们首先来看看具有哪些个人特质的人通常容易对私人执业感兴趣，并且更容易胜任和享受私人执业的工作及生活方式。

（1）个性独立

私人执业是一个孤独的职业，这是很多人在进入私人执业前没有想到的。私人执业咨询师需要有能力全面驾驭自己的工作，并且独自完成全部工作。也就是说，他既没有上司，也没有同事。

绝大多数的私人执业咨询师都会通过督导、培训、同辈团体来获得一定的支持，但这不能改变在绝大多数时间里，咨询师都是一个人单打独斗的事实。因此，**个性独立，不期待"靠大树"或者有人"罩着自己"，凡事亲力亲为，享受独立完成工作的性格特点，通常是私人执业的最佳个人基础。**

不将独自一人体验为孤独、无助，而是享受这种独立带来的广阔空间和多样化的挑战，将之作为自己职业和个人发展最理想的训练场——这样的咨询师必然能在私人执业中获得最大的乐趣，并获得事业成功的机会。

（2）自我驱动

相比学校、机构、医院稳定的工作，私人执业显然更接近于自由职业状态。而自由职业就意味着不会有任何人来安排咨询师的工作，也不会有人来敦促或逼着咨询师干任何事。

如果咨询师本身没有足够的自我驱动能力，即使原地不动，也不会有任何人发现或反馈，这就导致一不小心，咨询师就很容易滑入拖延和半放弃的状态。申请一个平台入驻就拖了一年，招了五个来访者就招不动了，家里稍微有点事就能轻易把工作推到一边……宣称"私人执业"，最后却什么也没做。当然，大概不会有任何人来批评抱怨，但咨询师自己的事业也不会有任何发展。

（3）一定的创业精神

私人执业算是一种创业。虽然未必会开一间大公司，但咨询师确实会创立自己的工作室，设计自己的服务产品和流程，以自己认为正确的方式执业，并规划自己的职业发展路径。**简单地说，咨询师会在私人执业中创造一种专属于自己的独特的心理咨询执业模式。**

对于有创业精神的人来说，这是一件非常令人心动的事情。要知道，"创造一个世间本不存在的事业"这个想法本身，就会促使当事人持续投入，直到成功。

反之，对于偏好遵从确定路线的人来说，这可能就是一件困难，甚至"压力山大"的事情。如果在创造事业的过程中感觉不到内在的奖赏感，咨询师很容易就会知难而退、半途而废，即使勉为其难做了，事业也不太容易卓越。

（4）抗压能力

由于私人执业咨询师需要独立面对大多数工作压力和临床危机，以及私人执业相比机构执业个案量波动更大、环境更不确定等特点，咨询师要想保证在面对所有这些挑战时，仍处于稳定的状态，能够正常生活，在临床中正常发挥，就需要咨询师具有相对较高的个人抗压能力。

拥有这一抗压能力的方式因人而异，有些人天生压力阈限高，有些人支持系统好，有些人在经历大风大浪后练出来了……**不论方法如何，在面对执业挑战时保持相对的身心稳定，都是成功私人执业的必备条件。**否则咨询师可能就会始终处在"最近顺利、压力小就做一做""不顺利、压力大就不做了"这样反复左右横跳的状态下，事业投入不稳定，成果自然也就难以指望。

（5）结构性和自律性

私人执业中不仅存在临床工作，还存在运营工作。在临床工作中，比如对于一些咨询疗法我们可能会讨论体验、感受，"跟着感觉走"、现象学地看待当下；但在运营工作中，我们则需要系统化、结构化、严谨且清晰地完成工作。比如咨询记录的撰写和保存、与来访者的预约和沟通、咨询室的管理和租赁、与其他机构和项目的对接与合作，等等。

私人执业并非回避职场的方式，恰恰相反，**咨询师在私人执业中需要保持一种自己的职场状态，并条理清晰、按时按量地完成必要的工作。**而咨询师本身的结构性和自律性，就是最大限度地支持这种职场状态的良好特质。

与一般咨询师的个人特质需要相同，私人执业咨询师也不一定在一开始就具备所有这些能力。

比如，个性独立和自我驱动可能相对底层，只有通过个人体验和成长才能完成转化。但抗压能力与结构性和自律性，却是完全可以在没有私人执业之前，就有意识地逐渐培养。同时，随着市场的不断变化，私人执业也可能对执业者提出更多的能力和特质要求。

**对于以私人执业为目标的咨询师，从学习咨询开始，可能就要探索和确定自己在特质上的优劣势。**然后不论是在公司、机构的历练，还是与心理咨询师和心理教练的工作中，逐渐提升相关方面的技能，向着相应的特质需要自我调整。这样当你的临床水平过关时，可能就会发现，自己已经准备好私人执业，可以向着理想的工作前进了。

## 私人执业的专业和职业准备

在第十一章中，我们已经谈到过，私人执业的咨询时常比机构或保险的咨询要难做。

这并不是说每个个案都难，但在总体上，由于更紧密的咨访关系、更高的来访者期待、更少的外部支持，以及私人咨询本身的求助门槛（来访者可能是其他方式无效才找到私人咨询的），就导致全职私人执业对临床能力的要求实际上常常会更高一些。而为了成功应对这些临床挑战，除了个人特质，咨询师也需要在专业上有所准备。

以下是一些私人执业咨询师常常需要具备的能力和条件，其中很多也是咨询师基础发展的一部分，但在私人执业中，这些能力和条件的要求可能会更高，或者有一些独特的侧面需要顾及。

（1）临床筛查能力

临床筛查能力是私人执业咨询师首先需要具备的能力，甚至在一些情境下可以排在临床干预能力之前。因为私人执业咨询师首先要决定是否接受一位来访者，然后才是如何与来访者工作。并且由于不存在前台或分诊，咨询师需要独立判断来访者是否与自己匹配。

**私人执业咨询师最好能够在1～3次会面内判断来访者是否属于咨询执业范围，是否具有风险，可能是什么核心问题，以及这个核心问题自己能不能协助解决。**

形成这种判断，越快越好，甚至在来访者出于各种原因不提供全部信息时，也要尽可能得出相对可靠的结论。这既是对来访者的时间和金钱负责，也可以在最大程度上避免潜在的风险和纠纷。

这种能力可以通过临床培训一定程度上提升，但临床经验的积累，或者说"见多识广"，也是不可或缺的。

（2）临床干预能力

临床干预能力显然是私人执业中的核心能力，也是咨询师吃饭的本钱。而如果想要全职私人执业，咨询师需要的不仅是基本的干预能力，还是处理复杂临床问题时，发挥稳定、结果有效的干预（不论采取哪种疗法）。

虽然不同流派对咨询的目的看法不同，但事实是，从大多数来访者的角度而言，如果不能理解、认同咨询的目标和方式，不能在实际生活中感到从咨询受益和有所改变，来访者就没有可能也没有道理持续做咨询；如果来访者的问题没有复杂到无法用常规和自助的方式解决，甚至可能公益、福利性质的咨询都不能很好解决，来访者就不会自掏腰包，找私人执业咨询师咨询。

这并不意味着私人执业咨询师的临床干预能力必须得顶天，但确实意味着以私人执业为目标的咨询师需要尽一切所能发展自己的临床干预能力。因为**咨询师成功处理复杂个案的临床干预能力，很大程度上决定其在私人执业中的续航力**。

（3）个案管理能力

咨询师需要管理自己的个案，不仅是在咨询室内，在咨询室外也是如此。在机构中，有时候咨询师只负责来访者在咨询室内的干预，也就是说个案分到手里后，咨询师只要按时到场，专心做咨询就够了（至多，也就是与来访者发生一些与干预相关或者具有临床意义的咨询外沟通，除此之外也不适合有更多了）。

但在私人执业中，咨询师的工作从来访者初次联系就开始了，也就是说来访者还不是咨询师的正式来访者时，工作就开始了，并且这种工作会一直持续到来访者最终结束咨询。

来访者中途出现任何和咨询有关的事务，也都只能由咨询师个人处理，甚至有些跟咨询内容无关但在时间、地点、人物上与咨询发生关联的事情，可能也得处理（在机构中，这可能是其他部门的职责）。

不仅如此，咨询师也需要处理所有跟临床有关的文书工作，并根据自己的全部个案情况，进行整体的工作安排、调节接案情况、处理相关的衍生问题等。因此，**管理单个个案，以及综合管理整个个案集的能力，都是私人执业咨询师不可或缺的能力。**

（4）专业支持网络

鉴于私人执业是如此孤独又高挑战的职业，咨询师一方面需要竭尽所能培养自己"独立应战"的能力，另一方面也要有意识地为自己汇集资源、寻求支持。

一个运行良好的临床机构通常对咨询师有一个完整的专业支持网络，这可能包括临床督导、同辈支持、培训机会、转介资源、法务咨询，等等。而在私人执业中，咨询师则需要自己建立和维护这个网络。

与资深督导的稳定个体督导、针对自己临床发展的持续培训、与信任的同辈之间的社交和探讨、能够迅速获得转介资源和询问专业问题的网络，以及与更广泛的经营相关的业内外人士的联系……**咨询师掌握的资源越多，其私人执业也会越坚实与稳定。**

并且，与机构工作不同的是，咨询师只有主动搜寻和维护，有时可能还要付出真金白银，才能够持久地拥有这个网络。

（5）职业素养和职场经验

除了以上专业性的准备外，咨询师还需要一些非专业性但职业性的准备。简单来说，咨询师需要会"上班"。

这件事在半路出家、已经有过较长其他职场经验的咨询师身上，通常不那么成问题，只要咨询师之前所处的"职场"本身没有太大问题，光靠熏陶，他就完全可以掌握什么是"职业"的状态。但在一路读书读到毕业，毕业就执业，或者之前社会化的全职工作经验很少，转到咨询行业才正式上岗的咨询师身上，这种问题却屡见不鲜。

我经常发现一些缺乏长期系统职场经验的咨询师，在基本工作安排上手忙脚乱，在职业沟通中自说自话，不理解商业合作或合同的意义，或者难以区分个人和职业的边界。

这些咨询师大多并没有本质不好，或者临床不足，但就是不会"工作"，或者说没有完成职业方面的社会化。如果说机构工作还可以帮助咨询师通过环境影响训练这种职业素养和积累这种职场经验，那么在私人执业中，就完全没有这个条件了。

因此，咨询师最好在私人执业之前具备一定的职业素养、有一定的职场经验，即使不是在心理咨询领域也可以。**只有先学会什么是"职业"，咨询师才能更好地"执业"。**

## 执业场地和执业形式

在机构执业时，场地常常是由机构提供的，而在私人执业中，咨询师就需要安排自己的工作场地。

**根据个案量的多少以及自身的工作方式**，咨询师可以采取下面四种形式来安排场地。其中，不同的场地安排，常常也与咨询师不同的执业形式挂钩。

（1）租用他人或机构的咨询室

在来访者比较少的情况下，显然临时租用他人或机构的咨询室是比较合理的选择，这种方式不仅经济上灵活便利，还有机会与其他同行产生联系，对新手咨询师而言，可以说是最佳选项了。

具体来看，租赁还有不同的形式。**散租通常是按时段付费的，用多久付多少，来访者如果提前取消预约，那么咨询师就有可能及时取消掉咨询室，节省费用。**但灵活性带来的也是不稳定性，自己用什么时段可能要根据其他咨询师使用的时段调整，用的人多的咨询室可能还会出现抢时段的情况。并且，如果前后时段有其他人租用，咨询师可能就得赶着上场、赶着结束，多少会影响到咨询状态。

**整租则是按大块的时间租用整间咨询室。**比如每周二上午、每周四全天之类，在这段时间里整间咨询室都是属于咨询师的，俨然有了自己的工作室一样。整租的时段单价必然比散租要低，且不太容易被打扰，但灵活性也差得多。咨询师不能根据自己的使用情况付费，除非直接断租，否则不论用不用，租金都一样要交。

（2）建立独立的个人工作室

与租用他人或机构的咨询室不同，拥有属于自己的工作室可以为咨询师的临床发展和执业提供很多便利。

当咨询师在使用他人或机构的咨询室时，会需要根据环境条件来选择干预。如果环境条件不支持，比如躯体干预没有空间，艺术干预没有材料，不便发出太大声音因此无法进行情绪宣泄，等等，那么咨询师就只能以场地允许的方式工作。长此以往，咨询师的临床发挥就可能会在不知不觉中受到场地本身框架的限制。

**咨询师的个人工作室，其实是咨询师个性化临床发展的一个空间和载体**。咨询师可以选择符合自己工作方式和要求的空间，并按照自己流派和疗法对咨询室的要求进行布置；咨询师也可以准备各种各样的辅助道具，并自由尝试不同的干预方式。

比如我曾经跟来访者在咨询室里一起做瑜伽，给一些来访者闻不同的精油来放松和辅助体验，还有来访者把自己的狗带到咨询中一起合作，更不用说完形疗法中的空椅技术、梦工作和揍坐垫的活动（是的，我咨询室里就有好几根揍坐垫时很"带感"的棍子）。

我并不是一开始就能够进行如此多样的干预，而是由于个人工作室有这样的发挥空间，当我接触到这些干预时，就不太容易因为"现在工作中用不了"而忽略它们，或者缺少条件实践它们。因此不知不觉中，我在咨询中能用的干预方法就越来越多样了。

当然，独立的个人工作室优势突出，弊端也很明显——贵。如果咨询师没有稳定的财务基础，或者充足的个案量，很难支撑一间个人工作室的成本。即使工作室存在空置时段可以出租，由于咨询师需要集中精力应付临床，很可能就没有太多时间可以花在工作室运营上。这就导致工作室能不能租出去很看运气和人脉，如果认识的人多，或恰好遇到和自己工作时间交叉的同行，可能就租出去了；反之，可能就长时间租不出去。

---

### 一些租赁工作室的考量项

- 稳定的租期（最好可以续租、长租）。
- 合理的价格（包括配套设施价格，如水、电、网、取暖、物业等）。
- 充足的等候空间。
- 来访者对小区或办公楼的可能观感。
- 空间内允许的布置改动程度。
- 交通便利程度（包括公共交通和自驾）。
- 环境噪声程度（包括一般噪声和邻居装修频率）。
- 场地提供方对咨询业务的接纳程度。
- 安保条件和逃生通道。

---

**（3）与其他咨询师合租工作室**

相比独立租工作室，与其他咨询师合租工作室显然是经济上更加合理的选项。不论是和其他咨询师对分时段，还是一起租一个套间，咨询师都可以用更少的钱享受更大的空间，并且可以有一些执业上的伙伴。当然，理想来说是这样的，但现实有时会更复杂一些。

从上文可知，咨询室是咨询师临床发展和发挥的个性化载体，自然每个咨询师都希望将之打造成自己最理想的工作空间。而不同的流派和疗法，不同的个人情况，对咨询室的要求很可能是不一样的。这就导致当咨询师聚在一起时，他们对咨询室的租赁和使用期待并不一定能凑到一处。

不仅如此，咨询师之间可能还处在不同的职业发展阶段，具有不同的个性特点，对商业合作的理解和期待可能也有差异，而合租工作室实际上类似于寻找"商业伙伴"——即使两个私下很处得来的咨询师，也不一定适合共同经营。原本关系很好的咨询师，租到一起反而谈不拢的也不少见。

**普遍而言，合租顺利愉快的情况大多发生在具有独立执业能力和良好商业素养的咨询师之间**（至于她们各自做什么流派和疗法倒是不太重要），即参与的每个咨询师在没有其他客观条件限制的情况下都完全能够独立执业，并且有一些商业洽谈和合作经验。

在国外，这样的成熟咨询师经常会组成小的团体执业（group practice），共担成本，共同执业（也存在一些名为团体执业，但实际以机构方式运营的组织）。相信在临床能力过硬的咨询师越来越多的未来，国内也会出现这样的团体。

不过团体执业的成功之基与合租并无不同，即每一位参与的咨询师都要具有独立执业的能力和一定的商业合作能力，而不是单纯期待通过和别人抱团来保障自己的执业。

（4）仅进行网络咨询

仅进行网络咨询意味着不需要额外的工作场地。随着互联网的发展，加上远程工作的流行，不论客观上各个方面对网络咨询有怎样的态度，实际上网络咨询都越来越成为心理咨询的主流之一。

网络咨询的好处多不胜数。

对于来访者来说：

▹ 没有交通成本，很便利。

▹ 可以接触到全国甚至海外的咨询资源，获得更好的服务。

▸ 如果出门不便（比如患病、保胎等），网络咨询实质上
　向他们提供了获取心理咨询、心理支持的机会。

…………

对于咨询师来说：

▸ 咨询师没有场地成本，很便宜。

▸ 咨询师可以面向更广大的市场，在全球范围内招募来访者。

▸ 咨询师如果旅行或者移居，对临床工作影响也比较小。

…………

但是网络咨询也存在一些问题，比如：

▸ 咨询师与来访者的联系程度受限。

▸ 咨询沟通容易受网络信号影响。

▸ 咨询师对来访者的一些方面评估困难（如较难收集非语
　言信息）。

▸ 咨询师也难以进行危机干预。

…………

**在网络咨询中，尤其突出的临床问题是双方的连接感和
真实感。**由于来访者实际上只是对着一个视频窗口在咨询，
很容易失去对方是真人的实感，进入一种部分隔离的状态，
即来访者仍然在咨询，但来访者的某一部分"没有来"，并且
来访者也感觉不到"那部分"的咨询师的存在。

不仅如此，有时候越是人际交往能力差的来访者，还越
偏好网络咨询，因为这样可以更好地维持自己的舒适区，抵
抗改变。

对于咨询师而言，长期仅进行网络咨询也存在一些潜在
的负面影响：

▶ 能接的来访者类型和主诉受到一定限制，可能一定程度
上影响咨询师的临床发展范围。

▶ 在当面咨询中常用的一些非语言沟通能力，对场域和动
力的细微识别和驾驭能力等，都可能由于在网络咨询中
缺乏足够的操作环境而用进废退。

▶ 对于新手咨询师而言，网络咨询尤其会给他们把握咨访
关系、体验咨询师自我带来一定阻碍。

因此，虽然网络咨询普遍存在于现在的咨询执业中，但
长期仅进行网络咨询执业则是一件比表面看来更为复杂的事
情，需要咨询师精心考虑再做决定。

## 商业安排和财务规划

心理咨询私人执业的业务模式其实相当简单，无非就是
招募来访者，为来访者提供咨询，然后收取相应报酬。不过
再简单的业务，也需要有相应的商业安排和财务规划。

在这一节，我们就简单聊一聊开始私人执业时，咨询师
在商业、财务方面需要考虑和决定的一些事务。

（1）确定目标受众

许多咨询师是从"什么都接"开始的。在咨询师什么都
不了解，也没有任何专长的时候，接什么来访者临床效果差
异都不大，咨询师也不确定自己兴趣在哪儿，因此可能经常
会抱着"什么都试试"的心态接来访者。

但是在市场上，一家什么都做的小公司，听起来就特别

不靠谱。心理咨询也不是万事屋<sup>⊖</sup>，咨询师不可能什么都能解决。因此，一旦开始私人执业，咨询师最好还是要有一些执业重点。

**咨询师可以将自己擅长的领域、下一步想发展的方向、感兴趣的临床议题或者过去在学校学得比较好的疗法，首先作为自己名义上的"临床专长"，并根据其确定目标受众。**比如如果对青少年感兴趣，那么目标受众首先就是青少年和他们的家长，如果学的是伴侣咨询，那么受众首先就是伴侣或者有亲密关系问题的人，诸如此类。

这个范围可大可小，只要有一个基本范围就行。因为只有确定了目标受众，咨询师未来才能够确定相应的临床工作流程和市场运营方向。

（2）确定工作时段

主动提前确定工作时段对私人执业咨询师来说是一件很重要的事。

一方面，这至少是私人执业字面上的一种福利，即咨询师可以自己选择工作的时段和时长，那么显然就要把这种福利利用起来、好好享受。

另一方面，在实际临床工作中，来访者必然希望在自己最方便的时段咨询。如果咨询师一开始没有明确框架，由着来访者的时段来，就可能把咨询约得七零八落，让自己的生活时间捉襟见肘。

事实上，**咨询师能否守好自己的工作时段边界，能否正确**

---

⊖ 万事屋是个日语词，本是杂货铺之类的意思，也有接受各种委托工作的机构的意思。

**判断哪些情况下需要突破这种边界为来访者加约，哪些情况下
不应突破，这本身也是对咨询师临床工作能力的一种检验。**

在机构工作时，不在机构规定的工作时段、机构没开门、
没有咨询室可用等，都可以成为一种刚性边界，缓冲咨访关
系中的边界挑战。但在私人执业中，这一切都要由咨询师自
己来支撑。

因此，根据自己所做的疗法和工作类型，首先确定合理
的工作时段，然后严守工时，对私人执业咨询师本身，便是
边界工作上最佳的锻炼之一了。

（3）给咨询定价

在商业运营中，产品定价是一门很深的学问，但咨询师
并不需要考虑那么复杂的定价策略。

事实上，咨询师常用的定价策略只有三种：市场定价、
成本定价、凭感觉定价。

> **市场定价**：根据外界对咨询师的观感、评判进行定价。
> 在心理咨询上，主要是按学历、培训、临床经验等进
> 行综合定价的，大多数市场上和自己资历类似的人定多
> 少，自己也定多少。

> **成本定价**：根据咨询师做咨询的成本进行定价。比如将
> 租金、督导、培训费平摊到每次咨询中，咨询的定价大
> 于咨询的成本，避免亏本。

> **凭感觉定价**：客观上显然并不存在这种定价策略，但主
> 观上，咨询师确实也要确定一个自己觉得合宜的价格，
> 否则每次咨询都感觉被来访者占了便宜，咨询动力也好
> 不了。

在实际的定价过程中，需要综合考虑这三种定价策略，最好还要参考自己的执业目标。因为在咨询师水平、资历不变的情况下，更高的价格，就意味着更少的来访者，而这也就意味着更少的临床时数、更慢的临床发展，所以咨询师需要在收入和临床发展中间取得平衡。

**一个比较简单的定价方式：首先搞清市场上和自己资历相近的咨询师的通常报价，然后取所有这些报价中的中位数，作为自己的基础参考报价。**

如果咨询师以积累时数为优先，希望接到更多来访者，就将报价适当下调；如果咨询师以时薪为优先，或成本较高、临床能力特别强，就适当上调。

当然，咨询师也要考虑自己的感受，如果确定的一个价位确实让自己难受（比如觉得自己能力不足心虚，或者挣得太少憋屈），也可以适当调整。

在定价时，咨询师还要避免跟着同行追涨，在没有明显的过人之处时，尤其应避免定到自己同资历的高限。

因为这些定到高限的咨询师很可能有自己额外的独到之处，比如能从商业保险中获得大额报销（来访者本人并没有支付那么多），需要与机构大额分成（咨询师实际上并没有挣那么多），或者不以临床为主要工作（即使报高了致使来访者少也无所谓）。

而私人执业咨询师的价格一旦定高了，操作降价就很复杂了，因此没有扎实的基础是很难撑住更高的定价的，就不建议盲目将价格定高。

当然，也存在一些咨询师出于自卑、怕担责任、畏难的心理（虽然定价跟是否接到困难个案实际上压根没关系），定价始终低于其水平。当然，这是另一个个人议题影响执业发展的例子，起码 100% 会影响咨询师的收入水平。

虽然表面上看起来，来访者似乎"赚到了"，但由于咨询师有明确未解决的个人议题（而像自卑这样的主诉在临床上又特别普遍），其实际的工作效果，尤其在涉及相关议题时，就可能会受到影响。

因此，不论是出于个人财务考虑，还是临床工作考虑，咨询师可能都需要先解决一下个人议题为好。

（4）确定财务预算

商业交易的根本是金钱，如果要自己执业，就必然要进行财务规划。

在大学、医院、公司就业时，咨询师有相当一部分开销是隐形的、由机构承担，但在私人执业中，所有收入都是咨询师的，所有开销也都是咨询师的，所以这笔钱就不得不算。

一般咨询师的基本开销可能包括：

▸ 场地费。

▸ 经营费（比如平台年费、机构提成、系统注册费等）。

▸ 督导费。

▸ 培训费。

▸ 交通费。

▸ 耗材费。

▸ 个人体验费。

另外，咨询师可能还有其他执业相关的开销，比如：

▸ 专业软件的使用费。

▶ 找律师咨询的费用。

▶ 市场宣传的费用。

…………

咨询师需要将所有这些费用加总。固定成本<sup>⊖</sup>可以直接加总出月度费用，增量成本<sup>⊜</sup>则可以根据用量和预期的来访者数量预计一个月度的费用。

据此，咨询师就可以了解自己每月执业的基本开销，以及每个个案将带来的额外开销。**这样咨询师就可以全面了解自己的经营状况，并为接下来的经营或执业选择提供必要的信息。**比如要不要换平台，要不要租个人工作室，等等。

当然支出的另一面是收入，如果咨询师收入高，那么成本高也没关系。咨询的定价我们已经聊过，关于市场和获客问题，我们会在"市场运营和个人宣传"中具体讨论。

## 个案管理和工作流程

在确定了基本的商业安排和财务规划的同时，咨询师显然也需要在临床方面做相应调整，尤其是要做好个案管理。

**在临床培训中，咨询师大多只会学到临床理念和技术，而不太会学到个案管理的技能和流程，而且不同疗法、人群、**

---

⊖ 固定成本是指一定时期、一定业务量内，不因业务量增减而改变的成本。简单来说就是，不论咨询师来访者数量多少，只要接来访者就要花费的成本，比如督导费、个人工作室的场地费、专业软件的使用费等，就属于这种成本。

⊜ 增量成本是指每生产一单位产品时增加的成本。简单来说就是，咨询师没有来访者就不用付，有多少来访者就要相应付多少钱的成本，比如平台提成、散租咨询室的租金、耗材费等，就属于这种成本。

**环境设置的管理方式也不尽相同。**因此，即使咨询师在与机构平台的合作中掌握了一套方法，这套方法也不一定能原封不动地套进私人执业中，咨询师总是需要为私人执业本身重新规划的，而这其中最主要的两个部分就是准备临床文书和梳理工作流程。

（1）准备临床文书

准备临床文书既是为个案管理做准备，也是工作流程中的一部分。

不同的咨询师可能有不同的临床文书要准备，最常见的有：

▶ 初访登记表。

▶ 咨询协议/咨询知情同意书。

▶ 信息披露授权书。

▶ 录音或录像知情同意书。

▶ 自杀风险追踪备案。

▶ 安全承诺协议。

…………

由于咨询师工作内容不同，这些文件可能会有多个版本。比如成人个体、未成年人个体和团体的咨询协议就不可能一样。咨询师也可能要准备一些正式的微信或邮件沟通文本，如来访者询问预约初次面谈的回复、等待列表或者直接转介的回复、咨询师休假或停工时的自动回复等。这可以大大节省咨询师在日常事务中所花的时间，也可以更好地体现咨询师自身的专业性。

（2）梳理工作流程

在私人执业中，咨询师与来访者的互动既包括临床工作，也包括事务性工作。当然这些事务性工作可能会对临床动力产生影响，因此不同疗法的咨询师在处理事务性沟通和安排时，常常会有不同的风格和方式。

以下是一些与个案管理及事务性沟通和安排有关的问题，你可以通过回答这些问题来梳理自己的工作流程。在这些问题上，咨询师事先考虑得越清晰，在向来访者传达时越系统、一致，就越容易在职业性方面得到来访者的认可，同时避免一些"事后讨论"带来的动力和困扰。

1）和来访者的初次接触。

▶ 潜在来访者可能从哪些渠道联系到我？

▶ 如何向来访者介绍我的咨询服务？

▶ 如何向来访者介绍我个人？

2）初次咨询前的沟通。

▶ 我会如何回复潜在来访者的第一次沟通？

▶ 我会告知潜在来访者多少关于我的咨询服务的信息？（比如是否直接告知咨询定价，告知多少空档等）

▶ 在初次咨询前我会向潜在来访者索要哪些信息？（比如是否先填初访登记表才预约）

▶ 如果潜在来访者反复沟通，但不预约初次咨询，我会如何应对？

▶ 如果预约者不是来访者本人（且来访者已成年），我会如何处理？

▶ 如果来访者临时修改初次咨询时间，我是否接受？如果反复修改时间，我是否接受？

▶ 如果来访者找不到咨询室，如何让他能联系到我？

▸ 在初次远程咨询之前，我如何向来访者说明所需的咨询环境？

▸ 如果初次远程咨询时，我发现来访者所处环境不符合咨询需要，我会如何处理？

3）协议与付费。

▸ 在初次咨询中花多长时间讨论咨询协议、知情同意，多长时间讨论来访者主诉？

▸ 来访者是否必须在初次咨询中完成咨询协议的签署？

▸ 来访者通过何种方式，以何种频率向我付费？

▸ 采取咨询前付费，还是咨询后付费？

▸ 如果来访者付费遇到困难如何沟通？

▸ 如果来访者在 24 小时内取消，在费用上我如何处理？

▸ 如果我在 24 小时内取消，在费用上我如何处理？

4）非咨询时段的服务。

▸ 在非咨询时段，如何让来访者联系到我？

▸ 在非咨询时段，我可以承诺来访者多快回复，回复哪些消息？

▸ 在非咨询时段，我与未成年来访者的父母可以有哪些沟通？

…………

以上所有问题都有多种不同的解决方案，但最重要的是，**咨询师选择的解决方案必须与其所用的临床疗法和个人风格一致，并且有理有据、切实可行**。总是会有一些来访者深挖"你为什么要这么安排"，这时咨询师就需要做好准备，做出相应的回应。

## 市场运营和个人宣传

私人执业和其他执业方式的不同点之一，便是来访者的所属不同。

在其他执业方式中，来访者是"别人"的来访者，他们可能是学校的学生、机构的客户、医院的病人，而只是因为咨询师在那里工作，所以选择了咨询师，或者被分配给咨询师。这些来访者最初并非为了和咨询师本人工作而来，在不少情况下也不能由咨询师本人带走，或者带也带不走（因为一些来访者的求助是基于对机构的信任，而非对咨询师个人的信任）。

但是在私人执业中，来访者是咨询师"自己"的来访者。她们是为了和特定的咨询师工作而来预约的，并且只要工作成功，这种咨访关系就可能长久地持续下去。来访者有更多的机会与咨询师长期工作，并且即使结束工作，在未来人生中遇到困难时，可能也首先会想到联系同一位咨询师商讨。

不论是从临床实践还是商业运营的角度，私人执业咨询师都需要想办法找到自己的来访者，或者说让潜在来访者找到自己。对全职私人执业的咨询师尤其如此，毕竟她们的临床发展和个人生计都仰赖于与足够数量的来访者的成功工作。

要想获得来访者的青睐，首先需要临床能力过硬（这一点不论是在临床积累部分，还是上一节中，我都反复强调过）。否则即使接到来访者，工作不了几次就脱落了，甚至给自己的声誉带来了不好的影响，那就成了真正的"反向操作"。

不过，**在确保了临床能力的基础之上，获得来访者的数**

**量可能跟咨询师的市场运营关系更大了。**而这一节，我们就来谈一谈国内咨询师最常见的市场运营和个人宣传方式，它们分别是与机构或平台合作、个人宣传与自媒体运营、专业与个人转介。

**（1）与机构或平台合作**

与机构或平台合作是私人执业咨询师，尤其在执业初期，最常采用也最可靠的获客方式。这种方式有以下五个特点。

**第一，灵活的合作关系。**有些咨询师通常会以付费或分成的方式挂靠在一些平台或机构上，让来访者可以通过这些途径了解和找到自己，这与国外咨询师跟保险公司合作的方式有些相似，但客源不一定那么充足，当然干涉也不会那么多。

也有些咨询师会去一些允许"带走"来访者的机构或项目兼职（即咨询师与来访者结束在机构或项目的咨询工作后，可以私下继续进行收费咨询），一方面积累临床经验和人脉资源，另一方面也可以在一定程度上扩大自己的私人执业规模。

由于与机构合作本身和在机构就业有些近似，有时咨询师会在合作中对自己的定位心生迷惑。机构合作与机构就业的不同之处其实在于，在机构合作中，咨询师与机构之间是平等的合作方，而在机构就业（包括兼职）中，咨询师则属于机构组织的一部分。

私人执业咨询师与机构没有雇佣关系，双方之间只有商业合同，而没有劳动合同。也就是说，除了商业合同中明文规定的部分，合作双方对对方都没有额外的约束力或责任义务，而处于彼此独立自由的状态。

**第二，多样化的组合配置。**这种独立自由的关系设置为咨询师在执业中进行多样化的组合配置创造了条件。在个体经营中，依赖单一获客渠道是一种风险很高的经营模式。这种模式虽然成本低、稳定性高，但抗风险能力很低。一旦单一渠道出现任何问题，个体经营就会直接陷入困境。因此，多数长期私人执业的咨询师都会建立多样化的获客渠道，就像配置股票或基金组合一样，以提高抗风险能力。

不仅如此，长期依赖单一渠道，有时候也会导致咨询师过于习惯特定机构或平台的工作方式和支持资源，而忽视了建立和发展自己独立的临床资源和工作方式。我就见过一些在单一机构或平台长期执业的咨询师，脱离了熟悉的第三方，他们连初访和预约初次咨询的流程都走不顺了——这些显然是一个私人执业咨询师最基本的工作技能。

**第三，广泛的人群和议题**。与多个机构或平台合作也有助于咨询师接触到更广泛的来访者群体。因为每个机构或平台有不同的形象和受众，它们会对接到的来访者自然也不同。在一个平台上乏人问津的咨询师，可能在另一个机构里炙手可热，这就是受众需求与咨询师特质匹配的结果。

在与不同机构或平台合作的过程中，咨询师既可以积累行业经验，也可以逐渐发现自己从市场角度而言适合的人群和议题，为未来发展符合市场需求的临床专长提供宝贵的参考信息。

**第四，因人而异的合作方式**。与每个机构或平台合作的具体方式因对方而异，每个甲方都会有自己的条款和形式，因此咨询师初入市场的第一堂必修课，便是了解市场上已有的机构和平台，详细研读它们的协议、费率、服务和限制（比如是年费制还是抽成制，对咨询师的定价有无要求，是否有其他支持性服务，对咨询师的业务是否存在限制等），从其他同行那里了解她们与之合作的实际体验，然后根据自己的需要申请入驻。

在实际的合作过程中，大型机构或平台通常有标准化的申请流程，咨询师可以先提交材料，面试通过之后，咨询师就会收到未来具体工作方式的通知，来访者也可能看到并选择咨询师了。而小型机构或平台则可能有更多的人际成分，跟其负责人认不认识、是不是有其他人引荐等，都可能会影响咨询师能否入驻，以及未来能否从该处获得来访者。

**第五，循序渐进发展合作方。**绝大多数新手咨询师通常很难同时兼顾多种机构、平台和渠道，因此一开始就同时挂靠在一堆机构和平台的情况并不多见。

多数新手咨询师都是先入驻一两个能够提供一定客源的机构或平台（如果一个地方没有来访者，就去其他地方试试），然后在积累过程之中，逐渐发展其他合作方。同时，参考这些机构和平台的规章与服务，慢慢建立自己脱离第三方的独立临床资源和工作模式。

（2）个人宣传与自媒体运营

除了与机构或平台合作，咨询师也可以自己向受众输出价值，吸引可能与自己匹配的来访者。这更挑战咨询师的输出能力，但如果来访者通过这个途径找到咨询师，也就意味着他们应该相当认同咨询师输出的理念和宣传的咨询方式。**这可以大大降低咨询初期建立信任关系的成本，而咨询师也有可能在这个过程中获得更高的知名度，得到更多样的专业**

**合作机会。**

咨询师的输出有很多方式，咨询师可以通过文字、声音、视频在各类网络平台上发布自己的作品，或者自建公众号，科普与讨论心理学和心理咨询相关议题；咨询师也可以实地进到公司、社区、学校等，参与举办工作坊、讲座或沙龙，扩大知名度。

采取哪种方式取决于咨询师擅长什么输出方式，有什么技术条件，以及有哪些人脉资源。比如，要发文章起码得会写稿，要发视频起码得能剪辑。此外，咨询师也可以和有这方面资源的个人或平台合作，不过这其中必然涉及更复杂的商业操作和谈判。

在进行个人宣传或以私人执业为目的的自媒体运营时，需要注意几个基本原则。它们可以让咨询师的输出更有效，同时规避一些传播中的潜在风险。

**第一，避免个人化分享。**咨询师个人宣传的目的是获得更多可以一起工作的来访者，那么宣传的内容显然就得聚焦于咨询师的专业领域。**咨询师需要以一个专业咨询师的角度分享专业的内容，并尽量避免出现个人化的经验和表达。**

比如个人生活中的一些经历感悟、个人吐槽，就不太适合发布在公共领域。这很大程度上是为了避免咨询师的不当自我暴露，给未来的咨询工作造成负面影响（因为我们无法知道受众是在什么场景下接触这些个人信息的，基于此，又会产生哪些想象和投射）。

事实上，咨询师最好将绝大多数的私人社交账号都注销掉，因为在没有隐私的互联网时代，我们很难确定从什么渠道会泄露出什么信息。那些做分析性和动力性工作的咨询师尤其如此，因为每一份信息都可能会被她们的来访者解读、解读、再解读。

**第二，遵守传播伦理。**咨询有咨询伦理，传播也有传播伦理。一旦咨询师进入公共场域传播自己的想法和理念，就要考虑传播伦理。传播伦理的内容相对复杂，但**在个人传播的层面上，咨询师要考虑的主要是避免伤害受众和避免伤害行业——当然，也要尽量避免自己受到伤害。**

并不是所有的心理咨询相关内容都适合在公共场域中讨论，也不是所有心理学相关信息对所有人都会有帮助。

比如在我相对熟悉的心理创伤领域，由于有创伤的人可能出现应激和闪回，有些内容可能就不太适合由来访者自己尝试，也不太适合随意发布在公共网络上。我的一位有创伤的来访者，曾在媒体上看到相关干预被当作一般的"练习"发布出来，在不知情的情况下尝试后，整个晚上都处于应激状态。

由于在大众传播中，受众是如此"面目不清"的一群人，因此作者在创作内容时很难面面俱到，保证每个个体在接收信息时都不会受到伤害。同时，心理咨询内容的创作者，相比其他科普创作者，确实需要尽可能了解自己所撰写内容的临床意义及其潜在影响，而不只是在知识层面搜章摘句、照本宣科。

咨询师也需要意识到，每一位受众都可能是自己潜在的来访者。以与潜在来访者分享的心态，而非一般大众传播、非虚拟写作的心态去创作，有时可以更好地帮助咨询师找准定位，以更准确恰当的方式传达信息。

另外，作为专业人士，咨询师最好尽量避免对公众人物进行具有临床性质的评估或诊断。既然咨询师无法仅基于第三方资料，确切评估或诊断没有见过面的来访者，在以专业身份评论没有面谈过的第三人时，咨询师也需要慎之又慎。如果咨询师想要展现自己的专业能力，分析虚构人物或历史人物常常是更为稳妥的选项。

同理，在没有掌握确凿的第一手信息的情况下，咨询师也最好避免公开评判或剖析其他咨询师、来访者及他们的咨询状况。人是复杂的，咨询也是复杂的。如果咨询师确实对某些情况有忧虑，应首先与当事人或相关人员联系沟通，了解具体情况，再做出恰当的专业反应，而非让他们迅速成为传播素材。

**第三，遵从反馈机制**。咨询师的个人宣传**遵守一个基本原则：咨询师输出什么，市场就会反馈什么**。

- ► 如果咨询师每天都在谈焦虑，那就会有一堆焦虑的读者出现。
- ► 如果咨询师每天都在谈两性关系，那就会有一堆亲密关系议题的用户关注。
- ► 如果咨询师讲的都是如何改变自己的行为来调节情绪，那就会出现认同认知行为疗法的来访者。
- ► 如果咨询师每天都在谈退行、防御、分析经典人物，就会吸引对精神分析感兴趣的来访者。

…………

总之，咨询师输出什么，临床上大概率就会出现什么。

不仅如此，受众还会根据咨询师的输出猜测咨询师本人及其临床情况。如果咨询师输出得系统、专业，受众就更容易认同其专业形象；如果咨询师分析得深入、精彩，受众就更相信其专业能力。

这时，咨询师也要注意自己在公共领域的专业输出，应尽量与自己实际的临床能力相匹配。如果咨询师输出的内容高屋建瓴，但临床却没有达到这个水平，就可能导致对来访者期待的管理失败——由于来访者对咨询师期待过高，因此更容易对从咨询师自身而言正常合理的表现不满和失望，进而产生冲突或纠纷。

当然，咨询师也不可能控制所有受众的想法。有些来访者本身就具有很强的投射和移情潜质，不论咨询师说什么，来访者都可能抓住一个点就展开自己无尽的想象。如果来访者初始投射过强、偏差过大，就可能阻碍咨询的正常进行。要知道，这并非咨询师本人的问题，但确实是采用内容创作进行个人宣传时难以彻底避免的困扰之一。

**第四，持久稳定的输出。**许多刚开始做自媒体运营的咨询师会把个人宣传及其回报想象成一个线性过程，类似于我做一篇内容就来一个来访者，做两篇内容就来两个来访者，那么做十篇内容时，就应该有一到三个来访者来敲门了。但在现实中，事情并不是这样发生的。咨询师可能做了五十个视频都没有人来，而某天写的一篇文章突然火了，一口气儿来了五个来访者。也就是说，**个人宣传投入的回报是动态的，有时甚至是有些随机的，而不是一个等比输入与输出的过程。**

面对这样的机制，咨询师手中没有什么法宝，只能像所有自媒体人一样，持续稳定地输出内容，并不断根据市场反馈调整，期待其中的一些内容可以产生影响力。

咨询师可以从自己熟悉的内容开始写，逐渐扩展到自己有了解或正在学习的内容。只要符合专业输出、传播伦理和反馈机制的原则，任何内容都可以尝试创作。

内容创作和临床实务一样需要实践打磨。咨询师可以先完成，再完美。首先开始创作，然后在不断创作的过程中参考市场反馈，学习如何更好地为受众创造价值，进入积极的创作反馈循环之中。

当然，在创作的同时，咨询师还需要继续发展临床。所以事实上，在个人宣传与自媒体运营中，存在着职业的分岔路。全职私人执业的咨询师几乎很难有足够的时间来长期保持高强度、高质量的个人媒体输出，而且临床执业发展越好、个案量越多，越是如此。与此同时，持久高强度、高质量输出的个人创作者，也很难有精力深耕临床工作。

不仅如此，高频率的更新有时还会使咨询师与来访者存在潜在的多重关系——除了在咨询室中，来访者还可以通过观看社交媒体与咨询师有另一种形式的大量接触，并可能因此产生各种反应和解读，导致咨访关系复杂化。但如果不高频更新，咨询师就可能赶不上媒体自身的运营需求和传播周期。

所以，当咨询师的个案量和媒体影响力积累到一定程度时，临床工作和媒体输出就可能会逐渐从彼此支持的两项任务，变成相互干扰，甚至互斥的两项任务。此时，持续平衡这两者是一门精致的艺术。当然，也有很多人最终选择了更为简单的选项：放下媒体，或者脱离临床。

（3）专业与个人转介

在所有市场宣传形式中，成本最低且成功率最高的，就是"口口相传"（对任何产品和服务而言都是如此，心理咨询也一样）。私人执业咨询师市场运营的终极形式，也是口口相传——通过这种形式，咨询师可以既不涉及第三方，也不进行个人宣传，就能够从各种转介渠道获得充足的客源。

**咨询师的口口相传通常来自同行和来访者的转介，或者其他相关行业人员的推荐（比如律师、医生、社会工作者、老师等）。** 在长线上，咨询师的口口相传程度大部分取决于咨询师的临床水平。如果咨询师能够处理别人处理不了的个案，获得自己大多数来访者的肯定和认可，那么仅仅是临床实践本身，就已经在为咨询师积累市场资源，并且随着执业年数增加，这种资源也会持续累加。

不仅如此，临床优秀、表现专业的咨询师也一定会被同行和其他相关行业人员注意到，甚至会成为他们资源交换的一部分。毕竟，再也没有什么比一个靠谱的转介资源更珍贵的了！

当其他相关行业人员发现咨询师的可靠度和专业度时，就会毫不吝惜地向咨询师转介来访者。不得不说，在这种情况下转来的来访者大多都很复杂、挑战性很高，此时咨询师绝对不会缺来访者，问题只在于她的个案量里可以塞得下多少高难度的个案。

当然，如果只是埋头做个案，和同行及社会环境都没有任何接触，那么咨询师是不可能被来访者以外的他人知晓的，而且这种生活方式也不健康。

所以，**如果希望多得到一些口口相传的机会，咨询师确**

**实是需要走出工作室的，去参与一些职业、专业的活动，以及一些非自己专业的社会性活动，通过与他人沟通交流，让对方了解自己。**

专业社交过程实际上并不复杂。以下是一些常见的与专业社交有关的活动：

- ▸ 明确自己的工作方式和临床专长。
- ▸ 主动向他人介绍自己的工作方式和专长。
- ▸ 倾听和了解他人的工作方式和专长（而不是只顾着自我营销）。
- ▸ 从专业角度就自己了解的问题向他人提供合理的反馈和建议。
- ▸ 在符合伦理的前提下彼此交换经验与专业资源。
- ▸ 通过引荐接触更多的专业人员。

有些咨询师虽然擅长在咨询内的沟通，但对于群体社交活动却未必那么舒适与擅长。对于这些咨询师而言，在一开始就放下"我要去进行专业社交"这样的目标可能是更适合的方式。先从习惯与专业人士享受愉快的交流时间开始（这原本就是咨询师同行交流、跨行学习的最佳方式之一），抱着学习和了解他人的心态自然沟通，慢慢地，对方也会在这个过程中了解到咨询师的专长与特点了。

另外，在国内的环境下，偶尔也会出现咨询师个人的亲朋好友推荐的情况，但这种来自咨询师生活圈中个人关系的转介远不如来自职业领域的转介稳妥。这不仅是由于亲朋好友推荐较容易出现多重关系或卷入三角关系，也是由于在许多人的心态下，"找个熟人问问"通常并不意味着专业性的咨询，而是一种基于熟人网络更加个人化的利益交换。

如果来访者本身没有寻求咨询的真正意愿，那么不论咨询师做什么，都很难从咨询的角度向来访者提供真正的帮助。此时，将其转介给对于对方而言陌生的咨询师，可能会是更好的选择。

## 在未知与变化中发展

如果说私人执业与机构就业的体验究竟有什么本质上的不同，那大概就是，私人执业是一份享受自由与空间，同时直面未知与变化的职业。

在机构中，市场的变动由整个机构应对，临床的风险由整个部门分摊，虽然外界变化多端，但咨询师却可以处于一种相对稳定的环境中。而在私人执业中，咨询师独立面对真实的市场、现实的挑战，同时不得不学习和未知与变化共存。

私人执业咨询师的个案量可能大幅波动，或者数个月无人问津，或者在一两个星期内突然爆满；咨询师的个案本身也可能"扎堆暴雷"，或者一窝蜂地连环加约，或者突然像商量好一样"集体休假"……

咨询中的种种波动常与更大的社会和季节背景相关，难以事先预测，也不可能完全控制。对于机构就业的咨询师而言，这可能只是"最近很忙或很闲"，但对于私人执业咨询师来说，则是整个生计的大幅震荡。

私人执业咨询师的执业环境也在快速变动之中。政策法规与时俱进，科学技术日新月异，市场社会更是变化万千……

真实世界本就如此，多变、动态，没有一定之规，没有万全之法。此时，咨询师只能正视它、应对它，并在一切变化之中尽可能站稳脚跟，在咨询室中继续保持那种一致、如一。

**相比一份职业，有些时候私人执业可能更像是一种试炼，一种对当事人接纳和应对未知与变化能力的挑战。**也许这一切你已经在其他书上看过，说不定你还跟来访者和听众讲过——接纳人的有限性，将变化视为一种自然现象，与不确定、不可控做朋友，尽己所能，然后接受现实中更广阔无垠的未知与可能性……理皆如此，然而知易行难。

总有人问我，在国内做一辈子咨询师是否可行？私人执业一辈子是否可行？我怎么知道呢……我连五年、十年后的自己会怎样都不知道，更何况咨询行业，更何况另一个人的执业。

对于热爱临床工作的咨询师而言，投入私人执业，无非是奋力想办法执业一辈子，然后看行不行罢了。我们都希望它行，但即便不行，为所当为，便没有怨悔。

---

### 咨询师私人执业清单

- 确定工作场地。
- 确定工作形式。
- 确定工作时段。
- 确定目标受众。
- 确定咨询费率（及低费政策<sup>⊖</sup>）。

---

⊖ 低费政策是指咨询师对特定来访者给予较平时价格更低的咨询定价时的原则。不同咨询师的低费政策不同，也可能没有低费政策。

- 确定财务预算。
- 准备临床文书。
- 梳理工作流程。
- 确定个体督导。
- 汇集转介和危机资源。
- 选择合作的机构或平台（可选）。
- 选择个人宣传方式（可选）。

---

## 第十章　咨询师的不同工作状态

总结
与
回顾

- 咨询师的周个案量在很大程度上决定了咨询师的临床投入程度和临床发展速度，也间接影响咨询师的身心状态和执业方式，并且与咨询师的个人特质和定位有着潜在关联。因此，从这一代表性指标出发，可以对咨询师常见的几种执业状态进行划分。

执业发展的起跳点：周个案量 ±5 小时

- 每周 5 个个案是所有咨询师的必经之路，也是所有执业发展的起跳点。
- 该周个案量对于刚起步的新手咨询师而言是相当饱和的，但对于相对成熟的咨询师而言则更多是舒适区内，咨询师通常能够较平稳自如地完成咨询工作的量，但较少的个案量也意味着较慢的临床发展。另外，对于自我强度严重不足及有严重影响专业胜任力和咨访关系建立的个人议题的咨询师而言，其发展更加艰难。

### 发展中的"兼职"执业：周个案量 ±15 小时

- 每周 15 小时是典型的"兼职"咨询个案量，即一周有十几个个案，工作 3 天左右。
- 不少咨询师将该周个案量作为过渡，但也存在大量长期处于这一工作状态、自我定位就是"兼职"的咨询师。当咨询师给自己的定位是"全职"，却始终没有办法超越兼职的个案量，或虽有全职的客观条件，却始终徘徊在兼职状态时，需要咨询师及时明确原因，探索适当的方式，实现执业进阶。

### 长期全职临床工作：周个案量 ±25 小时

- 每周个案量达到 20 个或更多时，咨询师进入全职的执业状态。
- 在全职状态下，临床工作就是咨询师职业工作的主体，除了个人生活以外，咨询师的所有职业投入都指向其临床发展，而临床工作的压力也会直接影响咨询师的职业和个人生活。全职执业也可以被视作一种独特的高强度临床训练，即通过面对临床挑战和现实压力，以及实践中的磨炼，在专业上日趋成熟。

## 第十一章 走向就业市场

- 心理咨询受训者常见的就业方向可以分为以临床为主的就业、以非临床为主的就业和纯粹私人执业三个方向。

以临床为主的就业

- 以临床为优先发展的人群，通常对临床比较有热忱，但由于每个机构的组织结构、岗位安排多有不同，工作内容是否以临床为主需要详细询问清楚。只有详细问清工作内容、工作设置和用人单位的期待，才能避免在求职中走弯路。

- 在临床工作内容与强度上，咨询师要尽量选择自己感兴趣的临床工作内容，不论偏好什么人群或议题。在入职之前也要对未来的工作强度有所预估，做好相应准备，避免临床耗竭。同时，在找临床岗位时，详细询问该岗位中临床工作的实际占比，以免远离临床。

- 在临床支持程度上，咨询师首先需要关注上司对临床工作的重视和了解程度，其次将机构为咨询师提供的支持性服务，以及机构文化作为重要考量。只有得到了较好的临床支持，咨询师每日的工作体验才更好，临床发展更加顺遂。

- 在临床发展空间上，初入职场的新手咨询师往往身处系统化、规模化的机构中，其临床发挥的空间很小，但机构所设定的限制可以避免咨询师在岗位上犯一些低级错误，并更快地上手临床工作。当发展到进阶水平时，咨询师可能就需要换工作或转向私人执业。

以非临床为主的就业

- 出于不同原因进入心理咨询领域的人群，在就业方向上也存在差异，但绝大多数需要心理学知识和人际沟通技能的岗位，都是心理咨询受训者可以考虑的方向。

- 每个职业都有其优势之处，每种工作也有其独特的要求，求职者可以根据自己的背景和兴趣与之匹配，或者在咨询学习之外参加一些额外的培训和实习，以达到入职的门槛。

- 对于原本对临床充满热忱，却稀里糊涂或者迫不得已走进非临床岗位的人来说，常常会采取在工作之外接少量私人咨询，以保持咨询状态，并等待机会与决断时刻到来的策略，但最终会走向什么样的道路则无法预料。

### 私人执业

- 私人执业是一种回报最高、临床发展空间最大、最自由自主的执业方式，也是一种临床挑战最大、风险最高、对咨询师综合素质要求最全面的执业方式。

- 在国外，至少一半以上的私人执业咨询师并不是在自由市场上接到来访者的，而是以保险公司或咨询外包服务公司为媒介接到来访者的。因此，心理咨询的性质和操作也可能产生微妙的变化，从而影响咨询师对来访者的选择。而在完全独立的私人执业中，来访者不是通过任何平台或信任任何机构，选择咨询师的。此时，来访者的期待和信任是完全落在咨询师个人的能力和素养上的，也只与咨询师一个人相联结，需要咨询师独立处理，那么这时候咨询师的个人督导和临床支持网络十分重要。

- 相较于国外大多数咨询师会先进入以临床为主的机构工

作一段时间，一边积累时数、打磨临床技术，一边在工作之余慢慢积累私人执业个案，对私人执业感兴趣的国内咨询师则更多采取多点执业、多处兼职的方式，用多线进行的方式积累临床时数、发展临床能力，并在这个过程中，逐渐积累私人执业的来访者基数，直至最终慢慢放下其他兼职，完全进入独立私人执业。

## 第十二章 独立私人执业

- 私人执业可能在咨询师职业发展的任何阶段，以任何形式出现，有必要对私人执业咨询师的方方面面有所了解，做好成功私人执业所需的一些准备，以及可以参考的一些策略。

### 私人执业咨询师的个人特质

- 一些容易对私人执业感兴趣、利于胜任和享受私人执业的工作及生活方式的个人特质：

  1）个性独立。

  2）自我驱动。

  3）一定的创业精神。

  4）抗压能力。

  5）结构性和自律性。

### 私人执业的专业和职业准备

- 一些私人执业需要做好的专业和职业准备：

  1）临床筛查能力。

  2）临床干预能力。

3）个案管理能力。

4）专业支持网络。

5）职业素养和职场经验。

## 执业场地和执业形式

- 一些基于个案量及咨询师工作方式的执业场地和执业形式：

1）租用他人或机构的咨询室。

2）建立独立的个人工作室。

3）与其他咨询师合租工作室。

4）仅进行网络咨询。

## 商业安排和财务规划

- 一些在开始私人执业时需要考虑的商业安排和财务规划：

1）确定目标受众。

2）确定工作时段。

3）给咨询定价。

4）确定财务预算。

## 个案管理和工作流程

- 一些在个案管理和工作流程上为私人执业所做的调整：

1）准备临床文件。

2）梳理工作流程。

## 市场运营和个人宣传

- 一些在确保临床能力的基础之上可以考虑的市场运营和个人宣传方式：

1）与机构或平台合作。

2）个人宣传与自媒体运营。

3）专业与个人转介。

## 在未知与变化中发展

- 在私人执业中，咨询师需要独立面对真实的市场、现实的挑战，同时学习和未知与变化共存。咨询中的个案量常与更大的社会和季节背景相关，难以事先预测，也不可能完全控制，而执业环境也容易随着政策法规、科学技术、市场社会处于快速变动之中……面对未知与变化，咨询师需要培养一种接纳和应对未知与变化的能力。

个人成长篇

► 个人议题与个人体验
► 执业中的个人困境
► 疗愈者之路

理解自身的黑暗，乃是应对他人黑暗的最佳之道。

——卡尔·荣格，分析心理学创始人

第十三章
CHAPTER

▼

# 个人议题与个人体验

　　心理咨询是一个与"人"息息相关的行业，不论是咨询的接受者，还是提供者，都是人——**咨询在人与人之间发生，通过人与人相互联结、沟通、探讨与扶持，转化人的生命体验。在心理咨询中，人是基础，也是目的；是载体，也是核心。**

　　正因如此，除了技术、方法、经验、训练，咨询师本身是怎样的"人"，同样会在很大程度上影响咨询的过程与效果，而咨询师的个人特点，也会巨细无遗地展现在咨询工作之中。

　　即使接受相同的培训、在同一个机构工作、积累相同程度的临床时数，甚至拥有相同的临床专长，在看待咨询的视角上、技术的表达上、个人的状态上，乃至在生活与执业中遇到的跌宕起伏上，每个咨询师都会有只属于自己的、与众不同的经历与感悟。

　　而这些经验，以及咨询师对这些经验吸纳和转化的角度与程度，也会反过来塑造咨询师本身，影响她的工作方式，决定她的执业道路，并最终体现在她作为"人"的发展成熟上。

　　在未来的几章中，我们会聚焦在心理咨询师这个"人"本身上，讨论与咨询师个人有关的一些话题，包括咨询师的个人议题与个人体验，在执业中可能遇到的个人困境，以及咨询师的内在历程。在这一章中，我们首先来聊一聊个人议题。

## 咨询师的个人议题

### 个人议题的类型及意义

　　个人议题是一个在多数培训中较少获得正面讨论的主题，然而它又与咨询师的个人及其临床工作有着千丝万缕的联系。确实存在一些一开始就是为了解决自己的个人议题才接触心理咨询行业的咨询师，同时不论咨询师对自己的个人议题是否感兴趣，在临床学习、工作和执业中，个人议题也都可以在相当程度上影响咨询师的临床表现、执业能力和发展道路（这一点我们在前面的章节中也有数次涉及）。

　　在咨询师个人和执业发展中，个人议题的涵盖范围颇为广泛。可以说，咨询师在执业和生活中遇到的多数心理困境，尤其是那些具有一定个人特点的困扰，或多或少都可以被视为某种"个人议题"。

　　即使是一般人在日常生活中不必然要在心理层面干预的问题，由于咨询师心理工作的独特性，有时也会需要或者值得咨询师将其作为个人议题去探索和工作。

由于个人议题多种多样，不同个人议题的深度和对临床工作的影响程度不尽相同。为了方便讨论，在这一节里，我们先尝试简单将其分为三种不同的情况，然后进行探讨。

### 纯粹的心理问题

个人议题的第一种情况，以及人们最容易联想到的情况，是纯粹的心理问题。**它可能是当事人长期以来的心理困扰，也可能是更加明显、可以诊断的精神障碍。**

由于心理咨询在国内仍不是很普及，同时不少有心理问题的人出于各种原因抱有"解决问题只能靠自己"的信念，因此许多原本应该是接受心理咨询的人群，却进入了心理咨询师的培训中。他们抱着"助人自助"的信念，认为学习心理咨询既可以解决个人问题，又可以获得职业发展。

但现实远没有那么理想，心理咨询学习在很大程度上并不能解决心理问题。因为咨询学习的主要组成部分多是心理教育（这只是咨询干预中的一小部分），并且完全缺乏咨访关系，因此很难达到和咨询同样的效果。学习者常常是花钱学完了咨询，还得再花钱找一个咨询师解决自己的心理问题（而且此时，这个问题不解决可能不仅仅影响个人体验，还影响工作能力）。

个人议题可能造成各种临床问题，包括难以共情、无法面质、不能做特定议题的工作、个案概念化出现偏差，等等。心理咨询中的"助人自助"，与其说是"水到渠成"，有些时候可能更像是"逼上梁山"的——不解决心理问题就会每天被职业现实和来访者"打脸"，所以最后只得去接受咨询。

当然，也有一些人在学习咨询之前压根没有意识到自己有心理问题。由于许多个人心理问题经常迁延数年甚至数十年，当事人又可能一直处于相似的外部环境条件下，因此在不知不觉中早已习惯了不健康的心理状态，甚至完全想象不出还有什么其他健康的选项。

就像有些长年焦虑的人，完全想象不出不焦虑是什么样，并且只要不严重到焦虑发作，在日常生活中也注意不到自己已经长期处于紧绷状态。对他们而言，咨询学习有时候可以帮助他们意识到自己的问题。通过阅读不同的病例、接触不同的来访者，他们可能逐渐发现，自己一直以来经历的，就是书上说到的某种心理问题，当然解决的方法还是自己去接受心理咨询。

**不论在学习咨询时是否存在明确的心理问题，只要这些问题最终可以获得妥善转化和解决，学习者仍然可以成为优秀的咨询师。**不过，不少时候更容易发生的情况是：学习者在漫长的个人议题解决过程中，逐渐丧失了信心和耐心，放弃了艰难的个人心理工作；或者在解决个人议题后，突然发现，自己对心理咨询本身也丧失了兴趣。

### 对咨询工作有负面影响的心理特质和模式

第二种情况较第一种更为微妙，并且在咨询师群体中可能更常见些。在这种情况下，咨询师并没有一般而言会被认为是"必须解决"的心理问题，但具有某些会对咨询工作造成负面影响的心理特质和模式。

也就是说，如果当事人不做咨询师，这些特质和模式也没有给当事人自身造成临床上显著的痛苦，当事人就可以自由选择不管它们。英语中有句俚语，"If it ain't broke, don't fix it"，直译为"没有坏掉的东西，就不用修"。至少选择不修没什么大问题。

但是在当事人决定成为咨询师后，事情就发生了变化。心理咨询对于咨询师对复杂关系和情感的识别与运用能力、对负面体验和人际冲突的接纳与耐受程度，以及对咨询师自我的驾驭与了解程度等，都有高于一般的要求。如果咨询师本人在这些方面长期达不到比平均更高的水平，甚至经常低于平均水平，就可能直接对咨询工作造成障碍。

这就像我们大多数人平常说话交流都没有问题，但如果决定做播音员，可能就会突然注意到自己的普通话不标准、发音不清晰、发声位置不对……各种问题一下子都来了。

**特定的依恋和关系模式、一些个人的负面体验和相应的防御习惯、某些特定情感经验或人生经历的缺失等，都可能落入这种情况（这些我们在后面的章节还会具体谈论）。** 咨询师在进入实务工作后，通常会逐渐发现这类问题，有时督导也会给咨询师指出问题所在；而最常见且直接的解决方案，就是咨询师自己去接受心理咨询。

虽然以诊断标准和个人困扰程度来看，这种情况似乎比第一种情况要轻，但解决中所需要投入的精力和时间并不少。由于咨询师个人的心理特质和模式通常是经年累月反复强化的结果，甚至可能在咨询师的日常意识范围之外，因此解决起来常常得往根里挖，解决更本质的东西。毕竟"人"的改变，是很难一蹴而就的。

生活中的个人心理危机

如果说前两种情况还可能出现有些人遇得到，有些人遇不到，那第三种情况大概是大多数咨询师一生中或多或少都会遇到的。在这种情况下，咨询师可能既没有长期的心理问题，也没有会阻碍咨询工作的心理模式，单纯就是被生活"压塌"了。

**一个人不会因为成为咨询师，就可以躲避生老病死，以及人生中会遭遇的种种挫折、不公、痛苦乃至灾难。**面对这些时，咨询师也会产生"人"的反应，有人的困惑，体验人的痛苦，也可能犯人的错误，经历人的失败。

面对这些境遇时，咨询师完全可能陷入自己的心理危机，并需要直面自己内心的黑暗与恐惧，而他可能也需要另一位专业人员来帮助他。不仅如此，这些困境常常既是个人议题，也指向人类可能都会面对的一些共通的困境，比如生命、死亡、相聚、分离、成功、失败、获得、丧失，等等。

这些经验像一扇扇门，为咨询师打开通向人类难以摆脱的共同苦难的道路。通过以最大化的觉察，自己走过这条路，亲身体验其中的艰辛苦痛与转化之道，咨询师会对自己和世界产生更深刻的认识，同时培育对他人的苦难更广博的接纳和理解。

这类情况经常是阶段性或暂时性的，也就是说即使咨询师完全不面对、不探索、不做心理处理，很可能过一段时间客观事件也会得到平复，咨询师还可以回到某种熟悉的稳态中（这是一种更简便的方式，但成长的机会也就随之流逝了）。

咨询师并不需要每次在执业或生活中遇到一点困难，就死命地从中挖掘出什么心理意义，但当那些真正实质性的危机与困境敲门时，探索、感受，切身地体验、面对它以及在这些经验中无措与失控的自己，而非用习惯的防御机制抵抗和回避，可能会给咨询师的个人成长和执业发展带来更多收获，让咨询师发现一个不一样的自己，以及过去在生活和执业上从未想过的可能性。

## 个人议题与执业发展

如果说来访者解决自己的心理问题是为了提高生活质量、完善心理功能，那么咨询师解决个人议题，除了为了提升主观体验，还有相当一部分是为了提升临床水平、促进执业发展。

事实上，**个人议题的出现时点及其影响，经常与咨询师的临床积累和执业状态有直接关系**。在我个人的观察中，咨询师有 3 个个人议题容易集中出现的阶段。

- ▸ **500 小时以下阶段**：容易暴露核心问题。
- ▸ **3000 小时左右阶段**：容易暴露短板。
- ▸ **全职私人执业初期**：问题在高压状态下更容易暴露。

### 500 小时以下阶段：容易暴露核心问题

个人议题首先容易在咨询师刚进入临床实务时出现。这一方面是由于基本的学习培训大多以课堂教学和技能模仿为主，多数咨询师只有在进入临床实务时，才第一次真正地进入咨访关系，而咨询师个人的关系模式和特点也只有在此时才真正显现出来。

另一方面，新手咨询师刚进入临床时，由于临床能力不足和新手焦虑，或多或少都处在有一定失控感、心理压力偏高的状态下，从而可能导致咨询师的自我功能在高压下出现部分下滑，于是出现"水落石出"的现象（即个人议题在防御不力、控制不足的情况下暴露出来）。

而且，**此时暴露出的常常是从一开始就可能伤及咨访关系建立、对咨询师胜任力发展有长远影响的核心问题。**

正因如此，国外许多系统性的基础咨询培训都包含咨询实习部分，可以为学习者积累一手经验提供途径，也可以帮助咨询行业筛查从业人员。如果督导和老师发现学习者有严重影响胜任力发展的个人议题，可能就会要求其继续改善、反复实习，甚至最终由于实习通不过而无法毕业。

虽然这种形式在实际中会受到种种影响而无法完全理想地运作，但咨询师在早期实习中暴露的问题却是板上钉钉的。这类个人议题几乎很难通过咨询培训和实习有明显改善，只有咨询师自己接受咨询，才有可能从本质上扭转。

### 3000 小时左右阶段：容易暴露短板

第二个个人议题容易集中出现的时期，是临床时数在 3000 小时左右的阶段。3000 小时是一个很泛泛的平均数，在现实中，有些人在 2000 多小时时就已经初见端倪，但有些人可能拖到四五千小时时才注意到。尤其 500 小时左右没有发现个人议题的咨询师，在这个阶段更可能遭遇个人议题的冲击。从临床角度来说，这个阶段出现的个人议题与 500 小时以下阶段出现的议题，其意义稍有不同。

相比全面影响咨询师胜任力发展的核心问题，**这个阶段**

**出现的议题更多暴露出咨询师个人和临床工作中的明确短板。**

刚接触咨询的时候，咨询师几乎总是从应用自己的优势和长处开始的。不论用什么方法，只要能把咨询做下来，对来访者有帮助就行了。因此咨询师基本是有什么就上什么，会什么就用什么。只要自己的优势机制、临床长项足以支撑，能把控好尽量多的咨询、出效果就可以了。

但当积累了一定临床经验，面对更多样、广泛的临床问题时，咨询师可能开始发现，目前自己手上的这两把刷子并不能解决所有问题，有相当一部分临床问题自己应付不来，而难以应对的原因不仅是技术，经常还有更深层的个人原因。

这类情况在咨询师中间相当普遍，比如：

▶ 有些咨询师可能无法熟练掌握全部共情方式，只会认知共情或者情绪共情，因此只能与对这种共情方式反应好的来访者有效工作。

▶ 有些咨询师可能可以帮来访者处理各种焦虑、抑郁、恐惧情绪，但偏偏在愤怒情绪相关的问题上，就死活找不对路，有时候甚至从督导或者培训中学到了做法，自己却实施不了。

▶ 有些咨询师可能耐受不了特定的人格特质或关系动力，一遇到类似的来访者就无法保持中立或企图逃离。

…………

这些现象几乎都指向明确的个人议题。虽然咨询师也可以不解决这些个人议题继续做下去，但这常常会导致其临床发展缓慢甚至陷入停滞。个人议题相关的临床问题可能逐渐成为咨询师的"死穴"，一旦遇到只能绕着走，或者干脆转介出去。咨询师自己可能也会慢慢出现"不论什么咨询做起来都差不多"的感觉，即使继续积累时数，在临床能力和驾驭范围方面却缺乏显著提升，在处理个案的深度、复杂度和多样性上发展受阻。

在基本的学习培训和临床积累没有明显落后的情况下，咨询师在执业中期遇到的大多数临床发展瓶颈里几乎都有个人议题的影子，而咨询师对这些议题的正视和处理程度，也会很大程度上影响咨询师未来的整体职业走向。**那些通过接受心理咨询和个人成长突破这些心理瓶颈的咨询师，才能在临床工作和执业发展的道路上比较顺遂地跨上新的台阶。**

### 全职私人执业初期：问题在高压状态下更容易暴露

全职私人执业初期与 500 小时以下阶段个人议题暴露问题的机制有一定相似性，两者都是由于高度的内外压力和崭新的工作挑战导致的"水落石出"（即问题原本就存在，但是在高压状态下更容易暴露）。

在 500 小时以下，临床工作本身是挑战，而在全职私人执业初期，独立运营自己的咨询执业则是挑战。就像创业者经常会面对比上班族更大的心理挑战，全职私人执业的咨询师的心理压力也常常比兼职或机构就业的咨询师更大。

面对更复杂的运营环境、更多样的经营事务、期待更高的来访者，以及更孤独的执业环境，尤其是长期习惯了兼职休闲的工作步调或机构可控的工作环境的咨询师，很容易会在独立初期捉襟见肘，并随之暴露出过去没有注意到的个人问题，主要体现在以下几个层面：

- ▸ 情绪管理。
- ▸ 自我驱动。
- ▸ 自尊自信。
- ▸ 对更细微的关系动力的把握和觉察。
- ▸ 对强度更高的人际压力和生存压力的耐受。
- ▸ 对失控和意外的接纳与适应。

事实上，只要咨询师退回兼职或机构就业，处理这类个人议题的紧迫性就会消失，但如果再进入全职私人执业，问题又会出现。**这时，咨询师常常需要识别和改变一些旧有模式，才能彻底从这些议题中毕业，并为自己打开一个个人与执业发展的新维度。**

虽然列举了数个较容易集中出现个人议题的阶段，但这并不意味着所有个人议题都会或只会在这些阶段出现。

正如学习培训、临床积累和执业发展，个人议题，以及通过面对和处理个人议题所带来的个人成长，也是贯穿咨询师个人与执业发展全程的主题，并与前三者具有不相上下的重要性和影响力。

狭义上，个人议题提醒咨询师在临床工作中暴露出的问题，协助咨询师认清自身的弱点和局限性，并促进咨询师在自我和专业上成长。相比"问题""麻烦"，它们其实更像某种"信号灯"，指明了咨询师作为一位专业助人者，乃至作为一个人本身，在内在探索、发展和挑战的方向。

广义上，个人议题几乎总将咨询师引向人类苦难体验的共通之处，敦促咨询师重新与自己内在那复杂、挣扎却又孕育着光辉可能的人性相联结，并令咨询师通过经历生命共有的一些挑战与痛苦，培育尊重、接纳、坚忍、开放、敬畏等独特的人格品质，建立与其他生命之间更深刻的理解与联结。

## 咨询师常见的个人议题

在前面章节中，我们已经聊到个人议题涉及的范围相当广泛，大到心理障碍，小到个人生活危机，或多或少都可以算在个人议题的范围内。个人议题既可以单独存在，也可以多个议题彼此关联、重合，因此在现实中，咨询师面对的个人议题大多也是纷繁多样、复杂交织的。

不过，确实存在一些在咨询师身上更为常见，或者说更容易对临床工作产生负面影响，因而更需要受到关注的个人议题。

在这里，我们会尝试列举一些常见的个人议题。这些描述既不能说完整，也谈不上精确，列出它们的目的，更多是为了帮助咨询师通过一些相对典型的样例，了解个人议题可能的表现和影响，并以此为参考，探索自己的个人议题及其解决之道。

### 讨好型人格

讨好型人格虽然不是一个专业的心理学词语，但确实可以用来描述一种常见的社交和心理现象：有些人在人际交往中可能倾向于一味讨好、迎合他人，而忽视自己的需求和立场。

这些人可能是在成长经历中被训练成只能接受与认可他

人，而对其他选项没有意识，也反应不过来；也可能在心底自轻自贱，或畏惧人际压力，因此在无意间反复选择了回避冲突、息事宁人的选项。

在咨询师群体中，讨好型人格可能是最常见的个人议题之一。因为惯于"讨好"，所以这类咨询师可以不太费力地表现出较高的宜人性，而宜人性本身对咨询师而言是一种非常重要的特质。因此具有讨好特质的咨询师在初入行时通常可以相对顺利地适应临床工作，融入临床环境。

问题出在深入临床工作的过程之中。**由于一味向讨好和迎合倾斜，咨询师的临床表现实际上在支持和挑战之间缺乏平衡。**咨询师可能非常善于共情、理解、包容、安抚，但很难及时面质来访者，主动进行人际或情绪压力大的临床讨论，有时也可能会与来访者共谋积极自我欺骗的陷阱。

随着咨询师没有底线的包容，来访者也可能会出现一些对咨询工作不利的反应。

> 来访者可能怀疑咨询师的"真诚性"和"可信度"，觉得"你表示接纳只是因为你是我的咨询师罢了""你这么说不过是为了安慰我而已"，诸如此类。言下之意，咨询师说的不是真心话（而且来访者说的不一定有错），这就从根本上动摇了咨访关系的互信基础。

> 有一些有边界问题的来访者可能变得不尊重咨询师，在咨询中肆意妄为，无视专业边界和基本的礼貌，而咨询师的被动姿态和不作为则会加剧来访者不良的人际模式。

> 具有深刻心理创伤或严重心理问题的来访者，经常也不

太会选择讨好特质明显的咨询师进行实质性的心理工作，因为他们常常本能地意识到咨询师难以耐受他们问题的强度（怕"伤着"咨询师），并且有意无意地察觉到咨询师对负面经验抱有一种微妙的不接纳。**显然，这种急于让经验保持在正性温和范围内的倾向会破坏康复的自然过程，当"坏"不被允许充分体验时，"好"也就无从生根发芽了。**

### 回避型依恋

回避型依恋大概是最典型的"不做咨询师就不用处理，但只要做咨询师就必须处理"的个人议题。根据不同的统计，回避型依恋在人群中所占比例从 10% 至 25% 不等，但无论如何，其绝对人数都相当多。

回避型依恋虽然不能说是最理想、舒适的依恋类型，但并非必然会影响当事人的生活品质。只要工作内容的关系成分不大，回避型依恋者做起来就毫无问题，虽然在社交恋爱方面相对疏离，但只要找到个别"优势互补"或者"志趣相投"的人也就够了。因此，只要当事人不因这种回避特质过于困扰，客观来说，就不需要"解决"这个问题。

但成为咨询师后，问题就复杂了。因为心理咨询工作以关系为基础，而回避型依恋最熟悉的关系模式，就是"没有关系"。如果说矛盾型依恋和混乱型依恋的咨询师还可以先建立关系，然后在关系中慢慢调整，那回避型依恋的咨询师从一开始就难以建立起关系，而这对临床工作而言是灾难性的。

**回避型依恋的咨询师与来访者的互动经常完全局限于认**

**知和信息层面，为此这类咨询师经常会学习大量的理论、技术和哲思，以便在咨询中"有备无患"。**然而，这并不能从根本上解决咨访关系薄弱的问题，甚至还可能在一定程度上阻碍咨访关系的发展。

因为当来访者出现关系诉求和情感表达时，咨询师很可能会有意无意地忽视、回避、转移话题、用专业理论和技术进行理性化防御。甚至，如果来访者"走得太近"，咨询师还可能用一套职业的脸孔把对方"推开"，而这正是回避型依恋的关系模式在咨询室中的再现。

当来访者具有较自由的选择权时（比如在私人执业中），回避型依恋的咨询师经常很难与来访者维持长期的咨访关系（即使来访者的问题确实需要长期干预）。此时会久留的来访者，多数也具有回避特质，且咨询频率经常不稳定，因为咨询师的回避状态常常让这些来访者感觉到一种熟悉的亲切感，使她们可以与咨询师共谋一个回避的舒适区，达到"既在表面上做了咨询，又在内心里互不干涉"的奇妙效果。

### 自恋问题

对于什么是自恋，不同的心理咨询流派有不同的解释。但大体上，自恋是指一种高度自我中心，对自身具有理想化、夸大化的认知，难以识别外界与自身差异，同时内在又高度脆弱的心理状态。

这种心理状态越多见，一个人就越"自恋"。如果当事人从儿时起就始终处于这样的状态，那么就可以说他有自恋型人格。自恋有相对健康、功能性的自恋，也有相对不健康、病理性的自恋，我们这里提到的主要是偏向不健康的情况，即因"自恋"带来了问题的情况。

大多数具有明显自恋问题的咨询师做咨询的目的，都是为了体验"好"的自己。确切地说，他们做绝大多数事情可能都是为了这个目的。但这种自我中心就导致了一个根本问题，即咨询师很难"看见"来访者。

事实上，由于自恋问题较严重的咨询师的真实自我（真自体）与外界的联系被其密不透风的防御机制（假自体）隔绝，咨询师很难搞清来访者实际上是一个怎样的人，而更容易以自我投射的方式看待来访者，从而使自己对来访者的理解经常出现明确偏差。

不仅如此，**由于在自恋情况下，真实自我过于脆弱，没有能力也不敢接触外界，这就导致咨询师缺乏与来访者在真实、现实层面上健康联结的能力。**

因此，"我与你"的存在主义工作方式基本上不可能发生，即使是一般的咨访关系也经常饱含复杂的动力。来访者可能在无意间成为咨询师满足自恋需要的一种延伸，尤其是具有依赖性和边缘性特点的来访者，很容易跟有自恋问题的咨询师发展出一种相互满足的共生关系，不断理想化彼此，并且越陷越深，而这显然不能说是健康的。

而且，具有自恋问题的咨询师在处理人格问题时效果大多不佳。这主要是因为大多数人格问题中都包含"全能自恋"的议题，而有自恋问题的咨询师本身就有"全能自恋"的议题。

即使在督导中，具有自恋议题的咨询师也常常是最难督导的受督类型之一。由于自恋导致的理想化自我意象和其真实自我的脆弱性，这类受督经常很难实事求是地面对自己的"不足"之处。即使督导只是就事论事地讨论，受督也可能觉得受到了指责，并竭尽所能地防御自己。这就给具体实际的临床讨论带来了巨大的困难，并进一步阻碍了受督自身的临床发展。

### 拯救者情结

拯救者情结在咨询师群体中发生的概率大概远高于一般人群。毕竟，很多咨询师都是因为想要"帮助"他人而进入这个行业的，而"帮助"的内涵就可以很复杂，比如有些咨询师可能是因为执着于"拯救"他人而进入咨询行业的。

大多数拯救者情结的形成都与原生家庭有着密不可分的联系。

- ▸ 有些咨询师从小被父母和亲属期待与要求成为家庭矛盾的拯救者。
- ▸ 有些咨询师抱有复杂性哀伤或难以磨灭的遗憾，始终执着于拯救自己"当初没能拯救的人"。
- ▸ 有些咨询师由于自恋或者其他问题具有不切实际的英雄主义情结，并企图通过拯救他人"自我实现"。
- ▸ 有些咨询师由于经历过创伤，落入了"卡普曼戏剧三角"的陷阱，而在受害者、迫害者和拯救者三个角色中，拯救者显然是其中最高尚与稳妥的角色。

许多有拯救者情结的咨询师都具有较高的共情能力，但在临床工作中又都存在或轻或重的边界问题。由于"拯救"常常意味着拯救者要跳进水里把对方捞上来，这就使具有这类情结的咨询师经常会主动突破咨询边界，越俎代庖，企图替来访者完成成长任务。

当来访者突破边界，试图"拽住"咨询师时，咨询师可能不仅不会注意到边界问题，反而因为感觉到"被需要"，被承认了"拯救者"的身份，而内心暗喜，结果导致来访者的边界问题愈加恶化。

具有拯救者情结的咨询师也最容易在临床工作中感到耗竭。由于这类咨询师经常"恨不得把来访者背过河"，就导致咨询师承担了超出其工作范围的身心压力。这既剥夺了来访者自我发展的机会，也会使咨询师负担过重。如果来访者对咨询师的工作还有所不满，咨询师就会感觉疲惫又委屈，有时还可能心生怨怼。

**从根本上来说，具有拯救者情结的咨询师总想通过拯救他人来使自己的人生完满，完成自己的夙愿，殊不知最需要被拯救的其实是自己。**

咨询师需要从拯救者的角色中挣脱出来，找到自我、放下遗憾、拥抱现实、发现新的可能性。只有这样，她们才能跳出强迫性重复的怪圈。而随着咨询师的改变，来访者也才有机会步入更加放松、更有成长空间的关系。

### 心理创伤

心理创伤大概是谈到咨询师个人议题时一个永恒的主题了。在神话传说中，一直不乏有关"受伤的疗愈者"（wounded healer）的故事；在不少古老的疗愈传统中，疗愈者也必须经受灾难和折磨，并获得治愈，才能走上疗愈他人的职业道路。因此，受过心理创伤的心理咨询师绝不少见，甚至有不少人正是在疗愈自己的过程中，走上心理咨询的道路的。

不过，在所有关于受伤的疗愈者的原型传说中，疗愈者本身都必须先获得某种治愈，然后才能够胜任疗愈工作。

同样，**有心理创伤经历的咨询师也需要首先疗愈自己的心理创伤，然后才能良好地胜任临床工作**。否则，未经处理的鲜活创伤就会给临床工作带来一系列负面影响。

具体的影响取决于咨询师受创之后使用的主要防御机制。

▸ 有些咨询师在受创后采取了情感隔离和理性化的防御机制，导致她们在咨询中无法与来访者进行情感联结，并且可能否定来访者的创伤经验。

▸ 有些咨询师可能陷入对强烈情感和高峰体验的成瘾，不停在咨询中诱发来访者宣泄情绪，并与来访者产生创伤性联结（trauma bonding）。

▸ 有些咨询师可能陷入强迫性重复，无意间操纵来访者，在咨访关系中以某种形式重现自己的创伤经验。

▸ 在一些极端情况下，由于某些创伤过于泛化，有些咨询师甚至可能出现在所有来访者身上都只看到自己的创伤投射的现象。此时，咨询师与其说是给来访者做咨询，倒不如说是对着镜子在给自己做咨询。

**咨询师心理创伤的处理没有捷径，从根本上来说跟来访者心理创伤的处理也没有差异，该去哪儿治就去哪儿治，该治多久就治多久。**当然，并不是每一个受伤的人都是受伤的疗愈者，这就意味着不是每个去治疗自己创伤的人，最后必然能成功被治愈，且必然可以胜任疗愈者的职责（其中还有许多其他影响因素）。

但可以确定的是，那些成功穿越创伤险阻，并最终成为疗愈者的人，通常都具有这段艰难经历所磨炼出的高度敏感性，以及对人类痛苦深刻的理解和耐受力，而这毫无疑问会成为他们作为咨询师在临床工作中无与伦比的财富。

咨询师可能遇到的个人议题显然不止于此，而议题对临床工作的影响也是多种多样的。对来访者造成困扰的，显然也可以对咨询师造成困扰，并且当任何议题影响到咨询师在情绪、认知、关系等方面的灵活性和稳定性时，就会不可避免地影响到其在临床实务的表现。

从职业角度而言，咨询师个人议题的处理常常首先以"避免对临床工作产生实质性的负面影响"为基本目标。如果说来访者接受咨询的初期目标常常是提高生活功能，那咨询师此时的目标大概就是提高临床功能。

不过在实践中，咨询师的临床功能和咨询师作为人本身的状态及存在常常是密不可分的。因此，即便仅以临床功能为目标，咨询师通常也需要经历全面的个人心理工作，才能在自己全面成长的过程中，顺带着把临床功能给改善了。而这里说的全面的个人心理工作，就是下一节的主题，即咨询师的个人体验。

## 咨询师的个人体验

个人成长显然有许多不同的路径和方式，但对心理咨询师而言，最专业直接的方式，就是去接受心理咨询。毕竟咨询师就是做心理咨询工作的，在自己出现个人议题时，显然首先也应信任自己的行业。

在心理咨询业内，经常把心理咨询师接受的心理咨询称为"个人体验"，就好像咨询师是去"体验"一下咨询是什么样似的。**其实，个人体验就是心理咨询，跟所有来访者接受的心理咨询本质上没有差异。**

### 寻找适合的体验师

"体验师"的称谓，不过是为了避免在充满各种"咨询师""咨询"的专业沟通中混成一片，而采取的权宜之计。本节也会尽量用"体验师"指代给咨询师做咨询的咨询师，而将接受咨询的咨询师称为"咨询师"（我想你已经看到"体验师"这个名词是多么必要了）。

虽然不少咨询师都意识到个人体验的重要性，但找到一位优秀且匹配的体验师有时比找一位优秀且匹配的咨询师还要困难。一方面是因为咨询师的个人体验基本都需要在一定程度上"深挖"，同时并不是每个提供咨询的人都擅长"深挖"工作；另一方面是因为它和一般咨询一样，体验师和咨询师也需要避免多重关系。

**在选择体验师方面，咨询师首先需要考虑的是那些能做长程、关系性、个人模式问题的体验师。**由于个人体验工作的特殊性，它几乎总是涉及咨询师个人和关系模式的一些本质性转变，而非单纯的症状管理或心理支持。不论体验师的流派为何，能进行深入复杂的长程工作（比如依恋、关系、创伤、人格等方面）的背景几乎是最优先的考虑项。

相比之下，体验师的流派，则不那么关键。同样流派的体验师固然可以帮助咨询师更好地熟悉自己流派的工作，但不同流派的体验师却可能指出咨询师看不到的盲点，并拓展咨询师的视野，因此两者皆有可取之处。如果咨询师受训的流派没有要求必须找本流派的体验师，在这方面就不必太过在意。当然，不论是哪个流派，咨询师都需要认可对方的专业能力，且双方在个人层面上有一定匹配度。

**咨询师在找体验师时还需要考虑多重关系。**一旦某位咨询师成为自己的体验师，常常就再也不能成为自己的督导，或与自己有其他方面的合作了。而且由于目前咨询行业体量不大，许多从业人员不是直接相识，就是有间接关系，这就急剧缩小了体验师的可选范围。许多会外语的咨询师经常找国外的咨询师作为自己的体验师，很大程度上就是为了避免这种多重关系带来的隐患。

我常常建议初入行的咨询师尽早找体验师，部分原因也是一旦入行久了，许多咨询师彼此之间都会有千丝万缕的联系，到时再想跟某位咨询师退回到不相识、不相关的状态进行咨询，就非常困难了。而如果尽早确定了咨访关系，双方只要在未来生活中彼此避开就可以了。

另外，就像来访者可能需要多种渠道的帮助一样，咨询师在处理个人议题时，也可能需要多方面的支持。除了个体咨询，咨询师也可以同时尝试团体咨询或其他专业辅导，中西医、瑜伽、冥想、运动、理疗，等等。

任何对一般人有支持与改善效果的方法，咨询师同样可以采用。在个人成长的大框架下，每位咨询师都可以选择对自己最有效的方式和组合，并根据自己的需要持续调整，以在最大程度上促进自己的个人议题工作。

## 个人体验中的常见问题

虽然个人体验中的来访者是咨询师，对咨询设置和方式也颇有了解，但这并不意味着其个人体验就会比一般心理咨询进行得更高效顺遂。

事实上，正因为了解咨询、处于业内，咨询师在与体验师合作中，有时会出现一些颇为独特的问题。或者说，这些问题在一般咨询中也会出现，但由于咨询师的专业背景和知识，就可能导致问题的表现发生一些变化。下面就是一些咨询师在个人体验中比较容易出现的几个问题。

### 缺乏基本尊重

第一个常见问题是对体验师的尊重问题。有些咨询师可能由于在自己学习的过程中，还没有正确理解咨询要求中"无条件积极关注"的真正含义，而强求体验师无底线地接纳自己。同时，以"咨询师应该包容、接纳、支持自己"为由，滥用体验师的关注与共情，将体验师当作可以随意对待、也不会有任何后果的"软柿子"来捏。

那些听过一些心理咨询课程，但又缺乏实践经验的学习者尤其容易如此。当然，在已有实践经验的咨询师身上也可能会出现。这类问题较严重的咨询师，在自己的咨询中大概率也存在咨访关系问题。

虽然体验师显然会努力与咨询师工作，但如果咨询师自始至终拒绝尊重体验师的基本人格，那么任何具有建设性意义的咨访关系恐怕都很难建立起来。

## 局限于专业讨论

第二个常见问题是不少咨询师热衷于向体验师展现自己对心理理论的熟习和思考。由于咨询师或多或少都学过一些咨询理论和技术，并且在心理咨询中，显然"咨询师"的位置较"来访者"的位置显得更加安全，不会暴露自己的脆弱。因此对建立关系和暴露脆弱有阻抗的咨询师，就可能出现一种颇为独特的防御表现，即向体验师展示自己如何分析自己这个"个案"，以及指导对方自己这个体验"应该怎么做"。

以下这些都是咨询师防御的典型方式：

▸ *初次面谈先来一套个案概念化式的自我介绍，有时甚至直接给出治疗计划。*

▸ *从专业角度分析和评价体验师的每一个干预，或者跟体验师辩论没有定论的理论流派问题。*

▸ *对体验师的心理教育不屑一顾，甚至"反向教育"。*

…………

相比个人体验，这些咨询师可能更像是来向体验师展现和确认自己对自我的了解是如何全面且情况可防可控。

由于咨询师原本就具有一定的咨询知识，也可能正在从事咨询工作，那么个人体验中出现一些跟临床专业有关的话题并不令人意外，但它们最多只是一种"素材"。真正的探索重点，应当是咨询师自己当时当地的真实感受与长久以来的内在挣扎。

"假装做体验"

第三个常见问题，我们暂且称之为"假装做体验"。它大多出现在咨询师是在培训要求或督导敦促下来做个人体验的，但其内心否认自己存在个人议题，或者即使承认但暂时还没准备好面对的情况下。由于缺乏咨询意愿或咨询动力不足，咨询师就可能出现"假装做体验"的现象。

这可能表现为：

▶ 咨询师不愿意花钱找高水平的体验师。

▶ 明知基本咨询设置的重要性却经常因故迟到或取消。

▶ 在体验中闲聊或者东拉西扯。

▶ 对体验师的反馈和作业采取敷衍的态度。

▶ 甚至偶尔使用一些更明显的防御机制，比如体验做到一半直接睡着了等。

…………

缺乏咨询意愿的一般来访者可能咨询几次就脱落了，但缺乏咨询意愿的咨询师则可以为了"应该做体验"，而在自己的个人体验中经年累月、坚持不懈地"抵抗体验"。

有时候，他们内心可能认为只要体验"做够了次数"，自我就会自己成长，个人议题也会自动解决。然而事实是，如果不开始真诚地面对自己，个人不论做多少次咨询也不会有什么显著效果——对一般咨询中的来访者如是，对个人体验中的咨询师也如是。

一个人并不会因为学习了心理咨询的理论和方法就能够了解内心、驾驭自我，这一点我在自己的咨询学习和临床工作中越来越确信。这可能是因为除了正确的信息和求实的态度，**人的成长还需要自己主动觉察和反思，被他人清晰地镜映并得到反馈，以及来自个人自身及其所有支持者不懈的尝试和努力。**

兜兜转转、寻寻觅觅，一边自己探索，一边寻求支持和帮助。在这个过程中，个人既获得了成长，也对人的成长及改变过程有了更加直观的经验和深入的理解。而对于个人体验的讨论也将在此止步，余下的就留给诸位读者，大家可以在自己的个人体验中与自己的体验师深入探讨。

有些事在平静中学得最快，有
些事在风暴中学得最快。

——薇拉·凯瑟，作家

**14**
第十四章
CHAPTER

▼

# 执业中的个人困境

　　心理咨询师是活生生的人，心理咨询执业不仅仅是一份工作，它还会给执业者，即咨询师这个人，带来复杂多样的影响。**除了临床技术上的困难，在执业中咨询师作为人也可能面对各种各样的压力和挑战，并遭遇个人职业生涯和个人生活上的困境。**

　　在这一章中，我们会聊一聊咨询师执业过程中经常面对的一些个人压力和困境，以及它们对咨询师可能产生的影响。我们也会谈一谈咨询师可以采取的应对方式，比如自我照顾。

　　没有什么方式可以全面彻底地解决一切问题，但预先知晓、及时应对、经常关照，可以在最大程度上避免咨询师被突如其来、意料之外的压力击垮，尽可能长久地保持稳定的工作状态和胜任力水平，并基于对咨询工作的全面了解，做出符合自己情况的执业选择和安排。

## 执业压力及潜在风险

在第一章中我们就曾经谈到过，与大众想象中春风化雨、和风细雨的工作内容和工作环境不同，心理咨询实际上是一个高压力、高挑战的行业，并伴随着潜在的职业风险。那么在这一节中，我们就来详细聊一聊咨询师可能经常遇到的一些执业压力及潜在风险。

这里列出的绝大多数压力和风险都与心理咨询本身的特点及所处环境息息相关，因此并不存在万全的规避之法。而咨询师实际体验到这些压力与风险的程度，则取决于咨询师临床工作的强度和深度，以及咨询师所处的执业状态和客观环境。

（1）心理咨询的工作对象本身充满情绪和人际压力

心理咨询工作本身压力极高，而这首先来自心理咨询的工作内容，即心理咨询最常面对和解决的就是压力。

**绝大多数来访者都是由于关系、情绪、行为、生活中的种种问题及其导致的压力来找咨询师的。**来访者正在承受各种各样的压力，自然也会将这些压力带入咨询室，有意无意地传递和施加在咨询师身上。日常情绪暴躁的来访者，在咨询师面前也不可能总是只温柔的"小白兔"；日常与旁人关系都不好的来访者，在咨访关系中也可能落入同样的关系模式。

如果咨询师和来访者只见几面，来访者还可以为了体面努力撑一撑，但在中长程咨询中，来访者的心理和人际模式几乎不可避免地会在咨询室中复演，即来访者的压力模式会在咨访关系中以咨询师为对象重现。

咨询师当然有工作之法，但其中伴随的巨大情绪和人际压力却不可能彻底抹消，而会作为咨询的一个组成部分，反复出现，并需要咨询师的持续关注与干预。

**（2）心理咨询的工作内容难度大、挑战高**

当意识到咨询工作本身伴随的压力时，许多心理咨询师在学习的过程中，会把自己定位在处理相对轻度的适应性心理问题方面。但在实际临床工作中，这种切割并不太容易。咨询师经常发现不论自己在哪里，怎么接，接到的来访者问题都不轻，且很复杂。

客观事实是，由于目前心理咨询在国内的认知程度，以及普通人的收入水平，许多人如果心理问题不严重或复杂到一定程度，就不会考虑去做心理咨询（尤其是付费咨询），而更倾向于采取看书、上网听课、拨打倾听热线、自我调节等其他方式自己解决。尤其在私人执业中，来访者走进咨询室常常意味着，**来访者生活范围内能够采取的简单易行的改善措施，甚至一些免费咨询方式都已经失败了，并且状况已在一定程度上超出了可忍受的范围。显然，这不会是轻松、简单的咨询了。**

**（3）来访者对咨询的期待极高，且会对咨询师施压**

虽然来访者的问题复杂深刻，但来访者对咨询的期待常常不切实际地短、平、快。这完全可以理解，毕竟来访者是因为"忍不了了"才来的，自然恨不得咨询师能变个魔术，帮她立刻摆脱这种状况。

然而冰冻三尺非一日之寒，改变也得遵循自然规律。数十年的模式，不可能一两个月就改头换面；颠来倒去都解决不了的"小问题"，可能压根就不是小问题……但来访者并不一定能意识到这一点，即使意识到了，也未必愿意接受这一现实。

因此，**咨询师在处理复杂心理问题的同时，几乎总是或多或少要顶着来访者由心理痛苦和缺乏接纳衍生出的高期待压力，这一点在私人执业中尤甚。**而当来访者不理解或者不愿面对时，还可能进一步向咨询师施压，或对其产生抱怨、不满甚至攻击。对于这些，咨询师不得不照单全收，并努力通过自己的工作，转化这种现状。

（4）来访者改变的不可控（咨询成果的不可控）

当来访者问我，我对于对方的改变有多大把握时，我通常会这么回复："咨询的起效因素中，大概 40% 可以归于我的临床工作和专业能力，40% 归于你的改变动机和努力程度，还有 20% 是环境和社会因素，我们谁都控制不了。我对我自己的 40% 很有信心，我也期待你的 40%。"

事实是，虽然来访者可能把一切改变的成败都投射在咨询师身上，但**咨询师对来访者的影响力却是有限的，并且不能单方面控制咨询的进展和结果。**咨询师之间经常无奈地开玩笑："我花了一个小时把来访者'治过来'，不到三天她爸妈又成功把她'治回去'了。"

咨询师既不能控制来访者怎么想、如何做，也无法控制他的环境以及家人的行动与反馈。因此，咨询师能做的只有提供引导、支持和协助，以及尽可能通过建立深入的咨访关系对来访者产生影响，而这种影响存在限度。

这种不可控毫无疑问会给咨询师带来压力，毕竟在现代社会中，大概没什么人真心喜欢不可控。而当来访者对改变毫无兴趣（比如非自愿来访者），将一切个人生活、体验中的不愉快都投射在咨询师身上，或双方都很努力却由于诸多原因而难以有所进展时，咨询师更容易感到额外的失控和无力，并可能质疑自己或咨询本身。

（5）咨询工作中存在心理耗竭和损伤风险

心理咨询工作要求咨询师保持一种积极、敏感、真诚、开放的心理状态，并始终专注于来访者，时刻以最大的善意和专业性去理解来访者的种种行为及其背后的机制。

咨询师尽可能保持这一状态，对建立疗愈性的咨访关系和开展建设性的干预，具有至关重要的作用。但这种状态几乎不可避免地伴随着大量的精神与情感消耗，并且这种消耗在工作中几乎是单向的。也就是说，咨询师会在咨询中获得成就感和回报，但经常不是以精神与情感滋养的形式，而精神与情感能量的补充，则需要咨询师在工作时间之外额外安排。

不仅如此，咨询工作的这种形式和要求，也制约着咨询师的心理防御能力。

在面对攻击、指责、伤害、抱怨时，人们最常采取的心理防御机制就是在自己和他人之间竖起一面墙，将负面刺激阻挡在外。而**咨询师的职业训练却要求他在咨询中尽量少地采取这样的自我防御，并在面对冲突时，仍然要保持开放敏感的态度，积极投入到与来访者的互动中，真诚反馈**。有些时候，这就像是冒着枪林弹雨冲上去拥抱对方。

虽然很多时候来访者并非蓄意为之，但人心都是肉长的，咨询师被冷不丁"打伤"完全有可能，并需要督导、同行和个人体验师的安抚才能继续前行。如果咨询师的工作包含长时间高强度地处理具有创伤性的极端情绪压力，那么就存在"感染"心理创伤的风险，这种情况称为"替代性创伤"（vicarious trauma）。

由于同理心的投入，持续倾听他人的创伤故事，见证创伤幸存者的痛苦、担忧、恐惧等带来的创伤暴露，会对咨询师造成负面改变。此时，咨询师可能会表现出类似有心理创伤的反应，如持续的精神紧绷，容易受惊或愤怒，每日反复回味创伤体验难以自拔，感到失控、无力、受困，等等。

接受系统的创伤干预训练，以及在开始创伤临床工作之前就尽早接受个人体验，是预防替代性创伤的有效手段。

### （6）咨询工作中存在身体损伤的风险

除了情绪损伤，咨询工作中也存在身体损伤的风险。

**第一，常见的职业病。**比如久坐带来的腰椎间盘突出和痔疮，因为咨询师不仅久坐，还经常坐着不能动。毕竟，咨询师总不能在来访者哭到一半的时候因为腰疼得不行要做个拉伸。

**第二，前庭系统问题。**这是咨询师一个独特的职业风险，可能是因为心理咨询师是"倾听"的职业，听力对应的前庭疾病并不少见，比如梅尼埃病（一种病因不明的耳源性眩晕症）。有些咨询师还会出现不明原因的突发性耳聋、耳鸣或听力减退。

**第三，神经系统和免疫系统。**神经系统和免疫系统也是咨询师较容易有损伤风险的两个系统。由于咨询师长年在压力下与压力进行工作，神经系统难免过载。

虽然咨询师通常可以有意识地采用一些技巧来释放压力、自我调节，但当个案量较多、个案挑战普遍较高时，咨询师就可能出现一些神经系统症状，如偏头痛、神经痛等。

同时，由于持续经受压力，免疫系统也可能出现反应过激或不调的情况，与神经系统合并致病，比如出现过敏、神经性皮炎之类。

**第四，受到肢体攻击**。在极少数情况下，也存在来访者对咨询师进行肢体攻击的可能性。由于咨询工作时，来访者与咨询师是单独共处一室的，就导致咨询师在面对突如其来的肢体攻击时，处于相当被动的位置。

一些经费充足的机构和单位会给咨询室配备报警系统，但即便如此，在受到攻击开始的那半分钟到一分钟中，能够保护咨询师的，只有她自己。

（7）咨询师经常处于缺乏支持的孤立状态

执业咨询师的孤立不仅仅发生在私人执业或缺乏督导的状态下，还是一种普遍、全面的职业状态。

**可能是因了解有限而遭遇的偏见或误解**。由于心理咨询在国内仍属于新兴行业，社会各方面对其了解有限，咨询师难免会遭遇偏见或误解。

来访者可能不理解咨询师的工作，当咨询师与其他专业人员或来访者的家庭成员沟通时，也可能受到轻视、质疑和贬低。而这都给咨询师的工作带来了额外的挑战，并阻碍咨询师与其他社会系统对接，为来访者和自身获取支持和理解，使咨询师或多或少处于一种"孤军奋战"的状态下。

**可能是保密协议对获得支持资源的限制。**咨询中存在的保密协议也大大限制了咨询师获得支持资源的可能性。虽然这一协议对咨询工作极有必要，但它的副作用却是咨询师有时很难获得一般人能够得到的倾听、支持和意见。

当问题局限在临床或个人领域时，咨询师可以通过临床督导和个人体验获得支持；但当问题突破咨询与个人边界时，不论是业内规范，还是咨询师所接受的训练中，都缺乏在恰当地应对方面的支持和指导。咨询师可能会感觉突然被孤身抛进汪洋大海，无所依傍。

**还可能是在临床执业中面临权益的困境。**跟踪、骚扰、网暴、欺骗、人身威胁、恶意举报……会这样做的来访者极为少见，但只要咨询师执业时间足够久、临床时数足够多，一生中难免会遇到几桩。

很少有明文规定在这类情况下，咨询师应如何恰当地突破保密协议，维护自己作为一个人的基本权益（进退两难、哑巴吃黄连、里外不是人都是常见情况）。而这些事件，以及咨询师在这些情境下体验到的矛盾、孤独、无助的心境，也常常是导致一些咨询师最终离开临床工作的重要原因之一。

## 临床耗竭及其应对

在前文中，我们谈到了许多咨询师可能遇到的压力和风险，而在高压与危机之中，显然不可能每个人都能随时随地安之若素。不仅如此，咨询师还可能由于长期高强度的临床工作，以及缺乏必要的支持和休息，而逐渐被"榨干""压垮"，这种情况就是所谓的"临床耗竭"（clinical burnout）。

大概很多有长期工作经验的人或多或少都体验过"职业倦怠"，这是一种由长期过度压力导致的情绪、精神和身体的疲劳状态。当事人经常会感到精疲力竭，做什么都提不起精神，对工作敷衍了事，并且工作表现也大打折扣。**而临床耗竭可以说是职业倦怠的助人职业升级版。**

所有从事医疗和助人相关工作的临床工作者都可能出现临床耗竭，包括医生、护士、临床社工、护工等。咨询师当然也不例外。

## 临床耗竭的表现

临床耗竭的一些表现与慢性压力导致的症状有相似之处。

▶ 咨询师在工作中经常容易感觉沮丧疲惫，工作缺乏意义感，即使临床工作中有进展也开心不起来。

▶ 咨询师也可能会发现身体变差，比如头痛耳鸣、失眠健忘、免疫功能下降、消化功能不良之类。

▶ 在这种状态下，咨询师还会变得不想接新个案，有时甚至拖延工作或忘记预约，同时可能会在不知不觉中花大量时间在刷手机、抽烟、暴食、购物这样逃避负面感受的活动上。

不过临床耗竭与压力反应也有不同之处。在压力很大的时候，很多人经常如热锅上的蚂蚁，过度思考、过度应激，甚至会做一些多余的事情，只是为了让自己感觉"可控""确定"。而在临床耗竭时，咨询师则更多是缺乏动力。

　　此时，咨询师可能感觉到一种职业上普遍的空虚感和无意义感，在临床工作中也倾向于变得更加被动、机械化，忽视其中复杂细节的部分，并伴随情感敏锐度的下降（它这有时会被误以为是"临床稳定性上升"，但其本质却是对情绪体验的逐渐麻木）。

　　这种状态有时也被称为"慈心耗竭"（compassion fatigue），是指因为情感上的强烈痛苦所引发的深切的生理、情感和精神上的疲惫。它是长时间暴露在他人痛苦中，在工作场所缺乏情感上的支持，且没有足够的自我照顾时可能出现的身心情况。

　　另外，许多临床耗竭的咨询师与同行的社交也会减少，其原因一部分来自工作挤压，另一部分则来自临床耗竭导致的社交退缩。所以，**虽然临床耗竭显然与过度的职业压力有关，但相比压力带来的焦虑，临床耗竭在表现上实际更接近于抑郁。**

## 导致临床耗竭的原因

　　**从根本上来说，导致临床耗竭的只有一个原因，就是长期且超过咨询师身心承受范围的临床压力。**不过在现实中，情况要更复杂一些：

- ▶ 有些时候，临床耗竭是因为咨询师临床压力确实太大。
- ▶ 有些时候，临床耗竭是因为临床支持过少，于是压力就显得大了。
- ▶ 有些时候，临床压力一般，但其他压力太大，从而导致咨询师抗压能力下降。
- ▶ 有些时候，咨询师自我强度太低，导致临床压力还没上来，人就先垮下去了。

**较易发生临床耗竭的，首先是那些专业胜任力相对好、个案量饱满的咨询师，尤其是那些能够处理高风险、高挑战个案的咨询师。**

在机构里，由于咨询师能处理别人处理不了的临床问题，因此经常会被委以重任，分到别人"接不住"的个案；在私人执业中，咨询师也会因为总能稳住困难来访者，逐渐累积大量的复杂个案。而复杂个案对咨询师的消耗和挑战几乎总是比简单个案更多，更多的复杂个案毫无疑问也就意味着更高的工作压力和更多的身心消耗。

非临床工作量大的咨询师是另一个临床耗竭的易感人群。这里不包括那些原本就选择非临床就业的零散接案咨询师，而更多涉及那些以临床为主的就业，但其岗位还包含其他职能，或者不得不应付大量机构事务和行政工作的咨询师。

在国外，有时候咨询师做 1 个小时咨询，就要花 1 个小时给保险公司做文件来完成报销，导致 20 个来访者的咨询工作 40 个小时都干不完，更不用说咨询师还要学习、督导、处理危机、完成其他随机任务等。

在国内，咨询师也可能既要做咨询，又要做活动，还要做讲座、填表、开会、给领导写稿，等等。如果此时再来十几个来访者，而其中又有一个危机个案，那么咨询师可能就被压垮了。

一些非临床因素也可能导致临床耗竭。有时咨询师所做的工作与自己的价值取向相去甚远，或者难以获得支持和滋养。比如咨询师希望以来访者为中心，而机构只注重流水线式的操作；或者，咨询师在临床上遇到一些正常的危机情况，却被机构的应激和环境的压力压垮。

也就是说，咨询师内耗和缺乏合理的环境及支持都可能导致临床耗竭，有些咨询师甚至因此最终离开了咨询行业。

## 临床耗竭的隐蔽性

对于接受过系统临床训练的咨询师而言，在受训的过程之中或多或少都了解过临床耗竭的存在，甚至有些咨询师可能在实习过程中有一定的亲身体验。但即便如此，在投入专业的临床工作之后，尤其是临床工作走上轨道之后，很多咨询师似乎都难以第一时间发现自己临床耗竭的迹象，而容易"一条道走到黑"。

这种情况并不单纯是由于咨询师的忽视和缺乏自我觉察造成的，而与临床压力的特性和临床耗竭发生发展的过程有一定关系。

（1）临床压力的影响具有缓释性

临床压力是一种慢性压力，具有长期、持久的特点。咨询师会长期接触到来访者的情绪压力，并很可能与有依恋或关系模式问题的来访者长期处于关系张力之中（对于注重"关系和谐"的很多人来说，这种张力在潜意识层面负担可能更重一些），更不用说难以预料的危机干预，以及一些难以避免的来自外部环境的不利因素（比如刻板的工作环境或者缺乏社会支持之类）。

这样的慢性压力会逐渐渗透进咨询师临床执业和个人生活的方方面面。它一方面持久地消耗咨询师的内外部资源，并对咨询师的自我功能造成"水滴石穿"的潜在影响；另一方面又可以促使咨询师对临床压力从适应，逐渐发展到麻木、无视、理所当然的心态，从而产生"温水煮青蛙"的效果。

不论是哪种情况，最终结果都是咨询师在漫长的执业过程中逐渐耗竭，且其难以从每一天、每一节咨询所累积的微小损耗中，发觉质变。

（2）临床压力的反馈具有滞后性

临床压力和临床耗竭并不必然同时出现。很多时候，临床耗竭可能出现在产生临床压力很久之后，这就使咨询师有时难以在主观上建立两者之间的联系。

事实上，在面对危机情况和短期大量个案压力时，大多数受过专业训练的咨询师都能够通过个人努力和汇集专业支持，较为成功地驾驭自己的应激状态、面对当下的临床挑战。而临床耗竭其实就出现在这一切"结束"之后。

在临床工作中，"处理临床问题"本身是一个压力过程，而其中累积的压力则需要咨询师在工作之后自行释放。如果咨询师误将眼前的临床问题当成自己需要处理的全部，无视这一过程中累积的身心负担，甚至由于自己的胜任表现，误以为"自己本来就可以承受更多"，进一步给自己加码，就会在不久的将来陷入临床耗竭的泥沼。

上个月在处理危机个案中产生的压力可能对下个月的临床工作造成影响，今年高强度的临床工作可能在明年咨询师的身心状况中反映出来。咨询师有时会在同行和督导的提示下意外发现自己已经彻底耗竭，而其耗竭的开始，往往要向前追溯数年。

## 应对临床耗竭的方式

应对临床耗竭，**从了解它的诱因、表现、发展，随时有意识地、以不评判的方式检验自己的状态开始。**

虽然临床耗竭对专业胜任力有非常负面的影响，但它并非咨询师的"错"，至少咨询师一个人不可能为"临床工作压力大""来访者挑战高""临床支持少""其他任务多"等因素负全部责任。咨询师要做的，只是客观看待临床耗竭，并在力所能及的范围内积极预防和应对。

事实上，大多数优秀的咨询师在整个职业生涯中都至少耗竭过一次。一个人不可能从一开始就了解自己在所有方面的限度，**随着人的年龄增长、状态改变，一个人的耐受力还可能发生变化，预先管理和试错改善都必然存在。**有些时候咨询师发现自己比预期能承受的更多，也有些时候咨询师可能发现原以为自己受得了，但结果却是受不了。

虽然咨询师在进入耗竭期后，通常很难靠一己之力彻底改变所有情况，但他仍是自己执业的主导，并能够通过主动行动改善自己的执业状态。以下是一些咨询师可以尝试的方式：

- ▶ 向督导和同行倾诉，并请教她们的调整经验。
- ▶ 改变自己的执业状态，比如少接一些来访者，分走一些其他事务，或辞职换工作。
- ▶ 主动做一些自我照顾的活动（我们会在下一节详细展开）。
- ▶ 接受专业的心理咨询，缓解身心压力。
- ▶ 探索造成自己临床耗竭的种种原因，通过事后反思避免未来陷入同样的困境。

　…………

**专业支持网络是避免临床耗竭的重要保护性因素。**也就是说，咨询师需要有良性的督导关系，以及充足的同辈支持。

虽然研究显示咨询师自己经常很难发现临床耗竭，但有意思的是，咨询师之间却相当擅长发现对方的临床耗竭。如果咨询师有一些信任的同行，可以向对方坦诚表露自己在执业中遇到的种种困境，那么就可以得到同行的客观反馈，并获得临床耗竭的预先示警。

## 咨询师的自我照顾

面对种种压力与耗竭风险，在个人层面上，咨询师主要的应对方式是"自我照顾"（self-care）。

虽然这听起来好像是某种关于平衡工作与生活的话题，但实际上，**自我照顾属于咨询师专业职责的一部分，甚至从职业道德角度，可以说咨询师是有必要进行自我照顾的。**

### 自我照顾的必要性与困境

自我照顾的必要性与咨询师的工作性质有关。通常，一位全职咨询师至少时刻有着 20 个来访者的工作量，如果他是督导，还对更多的来访者负有间接责任或影响。

来访者与咨询师工作期间必然需要依靠咨询师的稳定性和判断力（在进入核心工作时尤其如此），而咨询师的波动和失衡，甚至临床耗竭，则可能会通过其临床表现和干预，在咨询中对来访者造成负面影响。

因此，持续给自己的身心充电和滋养，保持自身的平衡与稳定，就成了咨询师执业工作内容中必不可少的部分，而这通常是通过咨询室外的自我照顾完成的。

尽管自我照顾如此重要，但咨询师往往很少在这方面投注精力。"理由"有很多：没有时间，没有费用，还能坚持而不需要，总是想不起来，要以来访者为优先，有太多其他责任，诸如此类。总结来看，如果咨询师还有精力，就会觉得没有必要自我照顾；如果咨询师没有精力，就会感觉已经"照顾不动"了。最终，自我照顾都是没有做。

事实上，难以自我照顾一直是助人行业从业者普遍存在的问题，即使是在心理咨询这样理论上更加灵活自由的行业中。最需要自我照顾的临床工作者往往也是最难自我照顾的一群人，因为他们身上往往肩负着大量、多重的责任——这既是他们需要自我照顾的原因，也是他们自我照顾的主要障碍。

咨询师对来访者负有责任，有时对临床工作以外的任务也负有责任，在自己的家庭中负有责任，可能还对社会或在其他方面负有责任……当其中某些责任过重，或被多重职责拉扯得捉襟见肘时，咨询师的任何自我照顾都可能意味着其在某个或某些职责尽职方面的不足或缺憾。

在一些工作高压或个人生活变故情境下，有时候那些设计来"支持"咨询师执业的安排都可能意外变成一种负担。比如在执业及同时面对个人与家庭变化的过程中，在临床上被培训和督导的要求进一步拖垮。

对于这些咨询师来说，如果要把自我照顾"加上去"，就意味着必须要在什么地方"减下去"。但许多从事助人工作的人在自我照顾方面有负罪感，她们周围的环境也会灌输这种信念。她们可能感觉自我照顾是一种自私、自我中心、缺乏对他人的同情心，或者缺乏奉献精神的表现（有些时候，她们真的可能会受到这样的批评和指责，甚至压根缺乏选择的空间），这就给"减下去"制造了进一步的障碍。

如果咨询师本身在自我接纳、自我关爱方面存在个人议题（这一议题在人群中非常普遍），高度在意符合外界期待、满足他人需要，希望自己在每个人面前都是"好人"时，就很容易在权衡之后，毫无悬念、轻而易举地把自我照顾"减下去"了。

不幸的是，**如果没有充分的自我照顾，咨询师不仅自身可能会面临压力和崩溃，还很容易由于临床耗竭而伤害来访者的最佳利益。**一位状态不佳的咨询师，其临床效能也必然同时打折扣。

以来访者最佳利益为中心并不一定意味着时刻将临床工作和来访者作为唯一的关注点，关注自己的身心健康，以确保在更大的咨询师能力范围内来访者能够获得最佳的支持与服务，有时才是真正为来访者的福祉考虑。

### 咨询师的自我照顾方式

就像咨询工作一样，咨询师的自我照顾同样没有公式。不同咨询师自我照顾的方式可能千差万别，对一些咨询师而言有滋养性的活动，对另一些咨询师则可能是完全的消耗。因此，就像咨询师需要在工作中发现和了解自己的自我功能一样，咨询师也需要在生活中发现和探索对自己有效的自我照顾方式，以及自己所需的自我照顾节律（即什么时候会需要以哪种方式，进行多少自我照顾）。

以下是一些常见的自我照顾活动，供大家打开思路。我们暂且将咨询师的自我照顾分为宏观和微观两个层面，宏观上涉及咨询师的工作状态和生活安排，微观上则与咨询师每天在工作间隙和结束工作后做的事情有关。

在宏观层面上，咨询师可以通过以下一些方式自我照顾：

- ▶ 设定明确的工作时间，并避免在工作时间外从事或考虑工作。
- ▶ 测试自己能耐受的个案量，并将个案量限制在该范围内。
- ▶ 维护健康、多元化的职业支持系统。
- ▶ 培养与职业无关的兴趣爱好。
- ▶ 与非咨询行业的人社交并发展友谊。
- ▶ 参加有创造性、有乐趣的活动。
- ▶ 适当休假，包括一些独自出行的假期。
- ▶ 每周给自己留一些消化情绪的独处时间。
- ▶ 走进大自然，参加远足、园艺等活动。
- ▶ 学习冥想、瑜伽或其他身心活动。
- ▶ 摄入足够的营养，并保持健康的饮食习惯。
- ▶ 请其他专业人员照顾自己（如个人体验师、中医、按摩师等）。

　　…………

在微观层面上，咨询师可以通过以下一些方式自我照顾：

- ▶ 跺脚或跳跃，并感受脚底撞击地面的感觉。
- ▶ 做任何拉伸，尤其是向身体斜线或对角线方向的拉伸。

- ▸ 用手掌轻抚耳朵和头顶。
- ▸ 用两手从上向下扫过对侧的肩膀和手臂。
- ▸ 深呼吸，并感受呼气将沉重带走。
- ▸ 闻一闻自己喜欢的气味（可以是精油、香膏或者任何有气味的东西）。
- ▸ 想象自己是一座稳定的山，或一片宁静的湖。
- ▸ 哼一首短歌。
- ▸ 看着窗外的天空，试着什么都不做5分钟。
- ▸ 回忆自己成为咨询师的原因和目的。
- ▸ 看看自己仰慕的疗愈者或疗愈性神话原型的图片。
- …………

每位咨询师都有自己的自我照顾方式，做不同工作的咨询师可能也需要不同的充电方式。

做更多认知分析工作的咨询师，可能需要更多运动和身体照料来平衡过度用脑的习惯；做更多情绪和身体工作的咨询师，则可能需要释放咨询中积累的情绪能量，并让自己平静下来。

咨询工作的强度越大，需要的自我照顾越多。同时，即使仅做一点点临床，咨询师也会需要一些基本的自我照顾，以避免无意间将咨询中的情绪和能量带到生活和家庭中。

自我觉察与自我反思也是学习自我照顾过程中重要的部分。咨询师自以为滋养的活动，可能跟实际上能令其感到滋养的活动并不相同。某种自我照顾方式要做到什么程度最恰当也需要实际试验，比如去大自然中虽好，但爬山太累可能也不行；阅读虽然令人兴奋，但读得太多又可能会多思耗神，诸如此类。人的"平衡"是如此精妙的存在，在咨询室中如此，在咨询师个人生活中也是如此。

只有通过不断的测试、调节，咨询师才能找到平衡的状态；只有不断保持觉察，当这个平衡点发生变化时，咨询师才能随时调整，以使自己始终保持稳定与胜任咨询工作。

将要直面的，与已成过往的，
较之深埋于我们内心的，皆为微末。

——拉尔夫·瓦尔多·爱默生，思想家

**15**
第十五章
CHAPTER

▼

# 疗愈者之路

　　书近尾声，咨询师个人成长和执业发展的诸多侧面已逐一呈现。在信息层面上，我相信绝大多数读完本书的读者，都已经掌握了比自己此时用得到的多得多的信息。但信息、概念与知识从来不是咨询的全貌，亦不能称为精髓。我们可以用具体的文字去描述某种事物的表现、结构、步骤与方法，以及其中的发展变化，但总有一些核心难以用概念化的语言轻松触及。

　　在最后一章中，我们会谈一谈咨询师作为"人"的发展，或者确切点说，是咨询师作为以疗愈实践为人生主轴的"人"，可能经历的发展历程。在尝试展现这个过程时，我们会使用一些象征和隐喻的手法。

我们可以用三条"路"来代表咨询师内在发展历程的三个不同侧面，它们分别是具身之路、荆棘之路、无门之路。

## 具身之路

描述这一发展历程的第一个视角，着重于咨询师的具身发展。具身（embodiment）这个词在英文中一般指的是人的生理和心理经验，认知和身体体验紧密相连。在此基础上，我们就可以对咨询师的具身发展的含义进行延伸。

**简单来说，就是指咨询师将所学到的知识、技能和方法，逐渐与自己紧密相连，内化为身心的有机组成部分，达到咨询师在咨询内外都知行合一，随时随地都具备疗愈潜能的过程。**

### 成为"药"本身

在印第安文化中，对"药"的定义非常广泛。不仅是口服药物，一切能给困境和病痛带来疗愈和转化的，都可以被称为"药"。如果一句话可以改变人的状态，那么这句话就是药；如果一个环境可以改善人的症状，那么这个环境就是药……只要有疗效，一切皆可入药。人当然也可以入药。

**咨询师的具身发展，正是咨询师从能够使用有疗效的方法和技术，向着成为有疗效的人和存在的方向发展，从制造分发"药"的人，变成"药"本身的历程。**

当坐在一位咨询大师面前时，我们经常会感到这个人的存在（presence）与众不同。在他面前，我们感受到一种开放、接纳的气质，一种真诚、不评判的氛围，不论他使用什么技术或方法，我们似乎都更易于接受，并能对我们产生更深远的影响。

刨除理想化的部分，咨询大师与普通的咨询师之间真正的差距，显然不在于可以习得与复制的技术和方法，而是她的存在状态（或者说方法和技巧早已融会贯通，成了她的一部分），这一切可以从她的姿态、眼神和举止上直接传达给我们。不需要任何语言，我们在潜意识里就已经感觉到了，这个人有某些独特之处，值得我们去关注、聆听、合作。

这样出神入化的境界对于一般人来说并非不可能达到，虽然它确实需要一些天赋和运气，但更多的则是咨询师经年累月临床实践和自我磨砺的结果。大量的临床积累如此重要，正是因为它是咨询师达致这一状态必不可少的基本条件。**"惟手熟尔"是具身发展的敲门砖，只有身心都熟习了疗愈工作的状态，才存在将其内化的可能性。**

## 发现具身化疗愈的自己

在成为"药"本身的历程中，咨询师需要探索自己究竟是怎样的"药"。每个人的自我是不同的，每个人的经历和背景也并不相同，当以最真实的自我面对世界时，每个人都不一样。

没有两位咨询大师是一样的，同一个流派、同一个疗法的咨询大师之间也存在截然不同之处。当来访者看到两位不同的咨询师时，绝不可能产生完全一样的体验。因此在根本意义上，每个人都是不同的"药"。

**自己是怎样的"药"需要自己去发现。这份与生俱来的珍宝，需要咨询师在长期的自我观察和深入的自我探究之后**

**才能把握**。观察咨询室中的自己、咨询室外的自己，每时每刻观察，真诚面对自己，有一些东西是在一个人内在，在任何场合、环境都不会发生变化，绝不动摇的转化性的存在，这种存在与其自身水乳交融，或者也许就是其本身——而那，就是咨询师自己的"药"。

不少来访者经常会怀疑，咨询师只是在咨询室中表现成某个样子，装出来访者喜欢的态度，对着来访者操作一些看似合理的技术，企图做出一份像样的"工作"来。

对于具身化的咨询师来说，来访者的怀疑是无意义的，因为她们在咨询内外高度一致。她们不会哄骗来访者，或者装作什么，刻意为之，根本没有必要。他们的工作以内在的精髓为基石，这是比他们能够装作的任何东西都更真实有力的存在，因此没必要舍本逐末。

这并不意味着咨询师会随时随地给人提供咨询，但确实意味着咨询师在这世间的疗愈之流中，扎下了自己无可动摇的立足之基，获得了具身化疗愈的机会，从而在某些时刻，化为疗愈本身。

## 荆棘之路

心理咨询是一个高压力、高挑战的行业，本书一开始我就这样说过，并且在书中数次重复过。不过一直以来，我们所讨论的，都是情绪压力大、客观支持少、个案难度高等问题。

在这一节里，让我们从另一个视角看待它，即疗愈工作的实质本身。此时，我们会发现，这是一条荆棘之路。

## 直面人们的"心魔"

在象征意义上，如果说医院的医生对抗的是附着在人们身上的"病魔"，那么心理咨询师和心理治疗师对抗的，则是潜藏在人们心中的"心魔"。

贪婪与愤怒，焦虑与恐惧，无边的控制欲，无尽的绝望感……那些能给人心带来最大伤害的，常常是人性中最黑暗与暴力的部分，而疗愈却常居于人心中最柔软与脆弱之处。

在这个意义上，心灵疗愈工作其实是一个相当奇怪的工作：**疗愈者有时需要面对人们最黑暗的经历、最暴力的感受，但目的却是将他们引回自己心灵的故乡，那个看似柔软与脆弱，却闪烁着永不熄灭的光辉之处。**

然而，压根就没有什么面对"魔"的工作是简单的，跟"魔"接触都是一件相当困难的事。

我曾经有一位来访者的家人长年忍受癌症折磨，他告诉我他的家人在患病前后的表现大相径庭。在患病前，他的家人是一位亲切和蔼的长辈，并且总是关心他的生活和健康；但患病后，这位家人简直像变了个人，每天不断抱怨自己身体不适，他稍有照顾不周之处便会被横加指责。他告诉我，那个时候他真的开始明白，什么叫"病魔"，以及面对"病魔"，他感觉有多么悲伤与无助。

"心魔"差不多也是这样子。人陷入某种心灵的不良模式后，也会变得焦虑、恐惧、怨怼、愤恨，要么冲着周围一切看不顺眼的事物开火，要么就是冲着自己开火，或者两者兼有。

所以在这个层面上，咨询师实际上处在一个心灵的战场之上，"心魔"挟持了来访者，正在胡作非为，而咨询师得想办法跟它对话，或者协助来访者跟它建立对话。最终达致的结果，要么是让它走人，要么是帮助它意识到，自己原本也是那心灵光辉的一部分，没有必要伤害自己和周围的人。

但是"魔"怎么可能乖乖坐在那儿跟你聊天呢？这就太小看它了。不大战个三百回合，它怎么能服气呢？所以咨询师就要在不伤害来访者的前提下，跟她的不良模式拉来扯去、太极推手，冷不丁还可能被咬两口——有时咨询师会在咨询室里被攻击，有时会在咨询室外被恶意对待，在这个语境下，那其实就是被某种"心魔"咬了而已。

所以事实上，**心理咨询工作就是这么一个经常待在战场上，每天都会看到人们的"心魔"以各种姿态到处乱窜，并且时不时会挨咬的工作。**

干野生动物救助的，从来没有身上没被野生动物抓咬伤过的，再怎么专业小心，也避不过；同样，干心理咨询的，从来没有没被来访者质疑、指责、负面投射、攻击到崩溃过的，更严重的攻击随着执业年限增加早晚也是会见识到的。专业和谨慎只能减少这类情况发生的概率，但不可能杜绝情况的出现，除非一直绕开来访者的核心不良模式，否则早晚有被攻击的时刻。

## 认清疗愈工作的实质

这样的心理咨询还要继续做吗？事实上，面对来访者的攻击、执业上的困境之时，往往也是咨询师的试验之时——试验其是否承受得了其中的艰苦，并能够克服自己的恐惧、愤怒、内疚与怨恨，继续向前。

**穿越一次次困境成长起来的咨询师通常具有坚忍的意志，他们知道自己为什么在那里，为什么要做这件事，也不畏惧人性中的黑暗。** 而这些，正是咨询师"稳定性"的根本来源。

来访者寻求可靠的人，这是人在无助时潜意识的基本需要，且越是陷入深渊的人越是如此。而咨询师则要向来访者展示，自己在心灵疗愈这件事上，是经得起考验的。

只有如此，来访者才会将自己内心埋藏最深的秘密吐露出来，并愿意与咨询师深入心底，探究转化之道。而此时的咨询师，也才担得起这份责任，不论来访者在心灵"地狱"中的哪一层，都能握着他的手，与他并肩前行。

## 无门之路

许多年前我读过一本讲冥想的书，里面提到一个概念，叫作"无门之门"。我猜想这大概是禅宗"无门关"这个词中译英，接着英译中之后的奇妙结果，我还挺喜欢这个词的，并一直记得，因此转用这个词来做这条路的名字。

举凡大千世界中的所有职业技艺，皆是有术亦有道。术是外象，而道是核心。如何从外象的积累，达到核心的质变；从无确切法门，明白无门乃是法门……无门之路就精确地描述了一个人由术及道的过程。当然，咨询师也会走上这条路。

### 体验由术及道的过程

咨询师的学习几乎不可避免地从各种术式开始。理论、技术、概念、手法，不同的流派与疗法，不同的诊断与人群，随意取其中一个，都有茫茫不可计数的文献可参考，知识可探寻。

新手咨询师经常会感觉自己即将"淹死"在知识的海洋中。每接一个来访者有新的资料要查，每接触一个疗法有新的理论要学……在知识的海洋中无数次"呛水""狗刨"之后，咨询师才能逐渐搞清源流及水文，能够按图索骥。但这只是个开始。

接下来还有无数技术要打磨。脑子会了，但是身体不会，那么做出来的效果就接近于不会。于是，咨询师又开始在技术方法方面上下求索、取长补短、励精图治，争取达到专业水平，做出最佳效果。而这又是一个漫长的过程。

并且，在这个过程中不可能一帆风顺，有时候咨询师练了半天没有效果，有时候又发现有些方法不适合自己……总之九转十八弯后，咨询师终于在临床上普遍发挥稳定与有效了。

但是这样就完了吗？自己与那些资深优秀的咨询师之间的差距肉眼可见，更不用说让人高山仰止的咨询大师们了。说到底，那些咨询大师为什么能做得那么好就是一件非常让人困惑的事情：都是做咨询，为什么有些人就能做出一些意料之外的"神仙"工作来？

当然，临床经验确实是其中一个重要的影响因素，但也不是每个做了 30 年临床工作的人都卓越超群。

## 在未知中寻求更多的可能

有些人的咨询似乎就是做得更有创造力、更有生命力、更强有力，差异到底在哪儿呢？差异大概有很多，在这里，让我们尝试谈谈其中的一个本质差异。这个差异我们可以称为"消极感受力"(negative capacity),或称"无为之能"。

诗人济慈在他的作品中命名了这种能力,它指的是一个人能够面对不确定、未知、怀疑,而不急于追求事实与理性的能力。这种能力决定了一个人可以在多大程度上不为了自己的"知道"与"确定",滑向已知既定的狭窄轨道,却能耐受未知与不确定带来的深刻恐慌与迷茫,因而可以容纳更广博的可能性,并不断向着更加深远和精微的真相迈进。

事实是我们所知甚少,而未知甚多。再漫长的科学发展也不过千百年,而宇宙奥妙广阔,人心复杂难解。咨询师的已知可以无限趋近,但咨询师的未知却浩渺无垠。

因而,**咨询师临床潜能的极限其实并不取决于她驾驭已知的能力,而取决于她驾驭未知的能力。**当拥有驾驭未知的能力时,咨询师就可能做出超越其背景、训练、环境、时代局限的工作。

我极少跟新手咨询师谈及这个话题,因为我发现这类讨论经常让新手咨询师产生一种误解。他们会以为不需要科学系统的专业训练、经年累月的临床积累、辛勤艰苦的个人工作,只靠一些内在的能力、漂浮的感受、短暂的体验或灵光乍现的启示,他们就能把咨询做好。这是完全不可能的。

事实是,这一切她们都需要,然后,未知的征程才能以此为基础展开。只有在同时面对已知和未知时,不因方便、确定、容易、合规而无视未知,从而避免轻易滑向已知的道路;只有保持对未知更大可能的开放,才是选择面对未知,否则就只是单纯的一无所知而已。

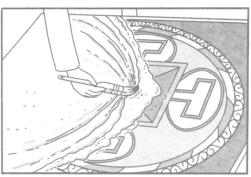

如果要打个比方，咨询师的成长之路其实有一点像绘制坛城的过程。

我曾经在纪录片里看到佛教僧侣用彩沙绘制坛城的画面。他们在一个巨大的土台上展开画作，用极细的沙粒，一分一毫地勾勒坛城的形状与纹样，在每一个细节上都极尽精巧之能事。如此勤勤恳恳地绘制数日，乃至数月，整个精美绝伦的坛城才得以展现在观者眼前。

然后，就在一切繁花似锦最终跃然台上之时，僧侣拿起扫把，毫不犹豫，也没有一丝怜惜地将整个坛城一扫而空。花团锦簇、亭台楼阁于瞬间散尽，只剩空荡荡的土台伫立在厅堂中央，在那空寂之中，却有难以言喻的深意浮现。

坛城是华美醉人的，也是必须悉心精妙绘制的，但只有亲手再将其扫尽，才是完整的历程。**精工巧琢是术的历程，千繁散尽是道的历程。**

## 第十三章　个人议题与个人体验

总结
与
回顾

- 心理咨询是一个与"人"息息相关的行业，除了技术、方法、经验、训练，咨询师本身是怎样的"人"，同样会在很大程度上影响咨询的过程与效果。而与咨询师个人有关的一些话题，包括咨询师的个人议题与个人体验，在执业中可能遇到的个人困境，以及咨询师的内在历程，也会展现在咨询工作之中。

### 咨询师的个人议题

- 个人议题可以分为纯粹的心理问题、对咨询工作有负面影响的心理特质和模式、生活中的个人心理危机三种情况。
- 个人议题的出现时点及其影响，经常与咨询师的临床积累和执业状态有直接关系，主要有 3 个个人议题容易集中出现的阶段：500 小时以下阶段，容易暴露核心问题；3000 小时左右阶段，容易暴露短板；全职私人执业初期，问题在高压状态下更容易暴露。
- 一些咨询师常见的个人议题：

  1）讨好型人格。

  2）回避型依恋。

  3）自恋问题。

  4）拯救者情结。

  5）心理创伤。

### 咨询师的个人体验

- 在心理咨询业内，经常把心理咨询师接受的心理咨询称为"个人体验"。其实个人体验就是心理咨询，跟所有来访者接受的心理咨询本质上没有差异。
- 一些个人体验中的常见问题：

  1）对体验师缺乏基本尊重，对咨询要求中"无条件积极关注"未有正确理解。

  2）局限于专业讨论，而忽略咨询师自己当时当地的真实感受与长久以来的内在挣扎。

3）因缺乏咨询意愿或咨询动力不足，咨询师可能出现
"假装做体验"的现象。

## 第十四章 执业中的个人困境

- 心理咨询师在执业中会面对临床技术上的困难，各种各
样的压力和挑战，并遭遇个人职业生涯和个人生活上的
困境。但预先知晓、及时应对、经常关照，可以在最大
程度上避免咨询师被突如其来、意料之外的压力击垮，
尽可能长久地保持稳定的工作状态和胜任力水平，并基
于对咨询工作的全面了解，做出符合自己情况的执业选
择和安排。

### 执业压力及潜在风险

- 一些常见的执业压力及潜在风险：

  1）心理咨询的工作对象本身充满情绪和人际压力。

  2）心理咨询的工作内容难度大、挑战高。

  3）来访者对咨询的期待极高，且会对咨询师施压。

  4）来访者改变的不可控（咨询成果的不可控）。

  5）咨询工作中存在心理耗竭和损伤风险。

  6）咨询工作中存在身体损伤的风险。

  7）咨询师经常处于缺乏支持的孤立状态。

### 临床耗竭及其应对

- 临床耗竭是助人职业职业倦怠的升级版，是由于长期高
强度的临床工作，以及缺乏必要的支持和休息，咨询师
逐渐被"榨干""压垮"而出现的。

- 其表现上更接近于抑郁，咨询师在工作中容易感觉沮丧疲惫，出现一种职业上普遍的空虚感和无意义感，在临床工作中也倾向于变得更加被动、机械化，忽视其中复杂细节的部分，并伴随情感敏锐度的下降。同时，咨询师可能会发现身体变差。临床耗竭导致的社交退缩也会减少咨询师与同行的社交。

- 其形成原因从根本上来说是长期且超过咨询师身心承受范围的临床压力。其中，那些专业胜任力相对好、个案量饱满的咨询师，尤其是那些能够处理高风险、高挑战个案的咨询师，以及以临床为主的就业，但其岗位还包含其他职能，或者不得不应付大量机构事务和行政工作的咨询师，都是临床耗竭的易感人群。另外，工作与自己的价值取向相去甚远、存在内耗、缺乏合理的环境及支持也可能导致临床耗竭。

- 临床耗竭具有隐蔽性，这与临床压力的特性和临床耗竭发生发展的过程有一定关系。

- 一些应对临床耗竭的方式：

  1）了解其诱因、表现、发展，随时有意识地、以不评判的方式检验自己的状态。

  2）随着年龄增长、状态改变，不断探索自己的耐受力，学习预先管理和试错改善。

  3）寻找具有保护性作用的专业支持网络，建立良性的督导关系和充足的同辈支持。

### 咨询师的自我照顾

- 自我照顾是咨询师专业职责的一部分，无论是面对种种压力和耗竭风险，还是从职业道德角度来看，咨询师都有必要进行自我照顾。如果没有充分的自我照顾，咨询师会由于临床耗竭而无法确保来访者获得其能力范围内最佳的支持与服务，伤害到其真正的福祉。

- 咨询师的自我照顾包括宏观和微观两个层面，宏观上涉及咨询师的工作状态和生活安排，微观上则与咨询师每天在工作间隙和结束工作后做的事情有关。

- 每个人都是一个动态平衡的系统，咨询师可以通过不断的测试、调节，找到平衡的状态，并不断保持觉察，在平衡点发生变化时随时调整，以使自己始终保持稳定与胜任咨询工作。

## 第十五章　疗愈者之路

- 咨询师作为以疗愈实践为人生主轴的"人"，可能经历具身之路、荆棘之路、无门之路三个不同侧面的内在发展历程。当经历了这些内在发展历程后，咨询师会从一个"能进行治疗性操作的人"变成一个"具有治疗性特质的人"。

### 具身之路

- 咨询师的具身发展，简单来说，就是指咨询师将所学到的知识、技能和方法，逐渐与自己紧密相连，内化为身心的有机组成部分，达到咨询师在咨询内外都知行合一，随时随地都具备疗愈潜能的过程。此时，咨询师从能够使用有疗效的方法和技术，向着成为有疗效的人和存在的方向发展，从制造分发"药"的人，变成"药"

本身。

- 走上具身之路，首先需要大量的临床积累，然后在长期的自我观察和深入的自我探究之后认识自己的存在，以内在的精髓为基石，于世间的疗愈之流中获得具身化疗愈的机会，从而在某些时刻，化为疗愈本身。

### 荆棘之路

- 疗愈工作的实质本身，便是一条荆棘之路。疗愈者有时需要面对人们最黑暗的经历、最暴力的感受，看见人们的"心魔"并时不时地挨咬，有时也需要面对自己执业上的困境。努力劈开黑暗与暴力的荆棘部分，疗愈人心中最柔软与脆弱之处，便是咨询师发展的方向。

- 在荆棘之路上，咨询师需要具备坚忍的意志，不畏惧人性中的黑暗，建立起自身的稳定性，以建立信任的咨访关系，与来访者并肩前行，探究转化之道。

### 无门之路

- 世间的职业技艺有术亦有道。术是外象，而道是核心。如何从外象的积累，达到核心的质变；从无确切法门，明白无门乃是法门……无门之路就描述了一个人由术及道的过程，而咨询师也会走上这条路。

- 咨询师临床潜能的极限其实并不取决于她驾驭已知的能力，而取决于她驾驭未知的能力。咨询工作中的无门之路，需要咨询师在经过科学系统的专业训练、经年累月的临床积累、辛勤艰苦的个人工作后，勇于踏上未知的征程，亲身体验由术及道的过程。

写作本书的想法，是在我做到大概 8000 小时时出现的，那时我为此兴奋了一阵，然后就放下了。毕竟，心理咨询师的执业与发展这个主题过于宏大，我实在不觉得自己驾驭得了它，所以虽然跟编辑签了写作合同，但之后我就完全进入了无尽的拖稿之中。当时就觉得，如果实在写不出来，不写也可以。所有独立私人执业的咨询师都是这样，没有人催着自己干任何事，要是觉得自己做不来，那就不做。

真正决定写这本书，是因为我最近注意到一件事：我开始遗忘了。初学咨询时的心情，执业初期的困境，一个一个现在看来得心应手，当年却让我碰得头破血流的临床和现实问题……从某种角度来说，我确实还记得其中发生的很多事情，但是感觉正在消散。我没有办法再像以前那样切身体会，从第一视角观察与考虑了。

也就是说，也许有一天我可以做到 20 000 小时、30 000 小时，变成更有经验、更能驾驭这个主题的作者，但这本书中原本我觉得重要的很多内容，我已经写不出来了，因为我不记得了。因此思前想后，我还是决定在这些记忆暂且鲜活的时候把它们记录下来。用贴近实际的方式，将自己的经验分享给同行，可能就是我现在能做到的最好。

就先完成吧，完美总是不可及了。也因此，我要在这里向所有读到这本书的同行和未来的同行致歉，书中种种叙述与理解，恐怕多有稚嫩与偏颇之处，实乃力所不及，万望见谅。

同时，在这里，我也想感谢三位我曾长期师从及合作过的老师和督导，Duey Freeman、Andrea Grabovac 和 Deepesh Faucheux。他们分别从不同的角度，给我的临床发展带来了巨大的帮助。没有他们，可以说就没有今天的我。不论未来走向哪里，我都衷心感谢他们无私的支持和悉心的指导。

另外，我也要感谢本书的策划编辑邹慧颖，她忍受了我无尽的拖稿，并在成书过程中给了我许多有价值的反馈。我还要感谢我的朋友陈一格，书中的许多章节我都听取过她的意见，并且在写不出来时持续找她吐槽（因为本书写作过程中的各种卡壳，她应该听了比平常要多一倍的"槽"）。

我本以为写完这本书后会很有成就感，结果什么感觉也没有。确切地说，也不是完全没有感觉，但这种感觉可能更像大考过后只想窝在宿舍睡觉的心情。人生可能就是这样，你总以为走到哪儿就会有什么光辉灿烂的新天地，结果发现哪儿都一样，除了"走"，什么也没发生。

临床积累似乎也是如此。某些研究显示在一个专业上积累了 10 000 小时就可以成为专家，结果我积累了 10 000 个临床小时后，完全没有专家的感觉。相反，另一种新手的感觉产生了。我感觉我好像在一个新的标尺上，刚刚完成了基础训练，现在终于可以开始进阶了。感觉被那些研究骗了……

但是有什么办法呢？只能接着做下去。毕竟，你的所有督导都走在你前面。他们在 20 000 小时、30 000 小时时看到的景象是怎样的呢？说不定跟 10 000 小时很不一样吧……毕竟 10 000 小时和 3000 小时很不同啊！这种好奇心驱使我想要再向前迈进，看看前方的风景，并期待有一天，站在与他们同样的高度，一览众山小（至少我想象中的他们眼前的风景是那样的，实际是什么样，只有走到的那一天才知道了）。

在此感谢每一位阅读本书的读者，不论你们对本书的看法如何，至少你们的阅读让我的心血没有白费。另外，我也知道有一些来访者会查阅咨询师写的专业书，在此我建议你们直接与咨询师沟通，而不是基于某些第三方材料揣测、试探你们的咨询师。我想你们进入咨询的目的应该是改善自身状况，而非和咨询师捉迷藏、进行侦探游戏，或比试谁更懂行。

旅行的目的并不是到达终点。心理咨询师执业之路的目的大概也不只是为了达到某个时数，做到某个位置，赚到多少钱，或者完成什么成就。最吸引人的，仍然是路上的风景，不是吗？本书充其量不过是咨询师执业之路上的一本"旅游手册"，而路上的风景，才是每一位旅行者至高的享受。

庄晓丹

# 心理学大师经典作品

红书
原著：[瑞士] 荣格

寻找内在的自我：马斯洛谈幸福
作者：[美] 亚伯拉罕·马斯洛

抑郁症（原书第2版）
作者：[美] 阿伦·贝克

理性生活指南（原书第3版）
作者：[美] 阿尔伯特·埃利斯 罗伯特·A.哈珀

当尼采哭泣
作者：[美] 欧文·D.亚隆

多舛的生命：
正念疗愈帮你抚平压力、疼痛和创伤（原书第2版）
作者：[美] 乔恩·卡巴金

身体从未忘记：
心理创伤疗愈中的大脑、心智和身体
作者：[美] 巴塞尔·范德考克

部分心理学（原书第2版）
作者：[美] 理查德·C.施瓦茨 玛莎·斯威齐

风格感觉：21世纪写作指南
作者：[美] 史蒂芬·平克

# 创伤治疗

## 《危机和创伤中成长：10位心理专家危机干预之道》

作者：方新 主编 高隽 副主编

曾奇峰、徐凯文、童俊、方新、樊富珉、杨凤池、张海音、赵旭东等10位心理专家亲述危机干预和创伤疗愈的故事。10份危机和创伤中成长的智慧

## 《创伤与复原》

作者：[美] 朱迪思·赫尔曼 译者：施宏达 陈文琪

自弗洛伊德以来，重要的精神医学著作之一。自1992年出版后，畅销30余年。美国创伤治疗师人手一册。著名心理创伤专家童慧琦、施琪嘉、徐凯文撰文推荐

## 《心理创伤疗愈之道：倾听你身体的信号》

作者：[美] 彼得·莱文 译者：庄晓丹 常邵辰

美国躯体性心理治疗协会终身成就奖得主、身体体验疗法创始人莱文集大成之作。他在本书中整合了看似迥异的进化、动物本能、哺乳动物生理学和脑科学以及自己多年积累的治疗经验，全面介绍了身体体验疗法理论和实践，为心理咨询师、社会工作者、精神科医生等提供了新的治疗工具，也适用于受伤的人自我探索和疗愈

## 《创伤与记忆：身体体验疗法如何重塑创伤记忆》

作者：[美] 彼得·莱文 译者：曾旻

美国躯体性心理治疗协会终身成就奖得主莱文博士最新力作。记忆是创伤疗愈的核心问题。作者莱文博士创立的身体体验疗法现已成为西方心理创伤治疗的主流疗法。本书详尽阐述了如何将身体体验疗法的原则付诸实践，不仅可以运用在创伤受害者身上，例如车祸幸存者，还可以运用在新生儿、幼儿、学龄儿童和战争军人身上

## 《情绪心智化：连通科学与人文的心理治疗视角》

作者：[美] 埃利奥特·尤里斯特 译者：张红燕

荣获美国精神分析理事会和学会图书奖；重点探讨如何帮助来访者理解和反思自己的情绪体验；呼吁心理治疗领域中科学与文学的跨学科对话

更多>>>

《创伤与依恋：在依恋创伤治疗中发展心智化》 作者：[美] 乔恩·G.艾伦 译者：欧阳艾苾 何满西 陈勇 等
《让时间治愈一切：津巴多时间观疗法》 作者：[美] 菲利普·津巴多 等 译者：赵宗金

# 团体治疗

## 《团体心理治疗中的9个难题：从羞耻到勇气》

作者：[美] 杰罗姆·S.甘斯 译者：班颖 李昂

中国心理卫生协会团体心理辅导与治疗专业委员会推荐，樊富珉、徐勇联合推荐，美国团体心理治疗协会（AGPA）院士集40年经验之作，团体带领者书目

## 团体心理治疗中的依恋

作者：[美] 谢里·L.马尔马罗什 雷娜·D.马金 埃里克·B.施皮格尔
译者：张焰 程霄晨 杨立华

中国心理卫生协会团体心理辅导与治疗专业委员会推荐，依恋理论在团体咨询与治疗中的创新应用，兼具系统性、操作性和实用性，心理咨询师、治疗师的学习教材和应用研究范本

## 《团体辅导与危机心理干预》

作者：主编 樊富珉 副主编 张秀琴 张英俊

中国心理卫生协会团体心理辅导与治疗专业委员会、中国心理学会心理危机干预工作委员会推荐，科学、规范、有效的团体危机心理干预工作指南，心理健康工作者的案头必备工具书

## 《团体心理治疗中的社会潜意识》

作者：[美] 厄尔·霍珀 [以] 哈伊姆·温伯格 译者：张荣华 孔延风 任洁

将社会潜意识的概念和理论引入国内；团体分析治疗师和精神分析个体治疗师专业书；关于我们是如何被社会和文化力量所支配的非常重要的著作

## 《团体心理治疗基础》

作者：[美] 哈罗德S.伯纳德 K.罗伊 麦肯齐 译者：鲁小华 阎博 张英俊

中国心理卫生协会团体心理辅导与治疗专业委员会推荐；团体心理治疗的入门读物；团体实务工作者的案头必备书

# 庄晓丹
### (笔名：清流)

资深心理咨询师，拥有10年以上执业经验、超过1万小时临床经验。目前为中国心理学会注册心理师，北京师范大学心理学部兼职临床督导、客座讲师。擅长成人情绪困扰、心理创伤、依恋关系和多元文化等议题。

美国那洛巴大学心理咨询硕士，波士顿大学工商管理硕士。曾为美国科罗拉多州注册心理治疗师。拥有多项专业认证，如加州大学圣迭戈分校正念中心的正念认知疗法师资认证、公正资源学院创伤中心的创伤压力治疗认证、落基山完形马术治疗学院的完形马术疗法证书等，并接受过发展性躯体疗法、辩证行为疗法、眼动脱敏与再加工疗法、脑点疗法等方面的训练。曾为国内外多家机构提供咨询或培训服务，如北京师范大学、北京外国语大学、中央财经大学、普华永道、三联生活周刊、KNOWYOURSELF、壹心理、美国科罗拉多大学巨石分校、美国丹佛市公立学校系统等。

写作、翻译多部心理学畅销书，著有《心理咨询师执业之路》《疗愈时光，你终将盛放》《如何做一个情绪稳定的成年人》，译有《心理创伤疗愈之道：倾听你身体的信号》《空洞的心：成瘾的真相与疗愈》。在多个平台教授情绪管理、正念减压、创伤疗愈、多元文化等主题的大众和专业课程。知乎心理学领域优秀答主，39.5万人关注。

扫码进入
庄晓丹（清流）
个人网站